新型农民现代农业技术与技能培训丛书

播种机械作业手培训教材

施森宝　编著

金盾出版社

内 容 提 要

本书是“新型农民现代农业技术与技能培训丛书”的一个分册，由中国农业大学施森宝教授编著。内容包括：农机服务类型、组织形式与质量要求，播种机械作业手须掌握的基础理论与基础知识，播种机的种类和构造，播种机的技术状态和正确调整，播种作业，免耕播种，播种机具的维修保养和保管以及拖拉机的正确使用。本书着眼于播种机械作业基础知识与基本技术、技能的传授，可作为各级部门培训播种机械作业手的教材，亦可供播种机械作业手、农业机械维修养护人员及农业院校相关专业师生阅读参考。

图书在版编目(CIP)数据

播种机械作业手培训教材/施森宝编著．—北京：金盾出版社，2008.9

(新型农民现代农业技术与技能培训丛书)

ISBN 978-7-5082-5252-0

Ⅰ.播… Ⅱ.施… Ⅲ.播种机-技术培训-教材 Ⅳ.S223.2

中国版本图书馆 CIP 数据核字(2008)第 129674 号

金盾出版社出版、总发行

北京太平路 5 号(地铁万寿路站往南)

邮政编码：100036　电话：68214039　83219215

传真：68276683　网址：www.jdcbs.cn

封面印刷：北京印刷一厂

正文印刷：北京华正印刷有限公司

装订：北京华正印刷有限公司

各地新华书店经销

开本：850×1168 1/32　印张：5.75　字数：107 千字

2008 年 9 月第 1 版第 1 次印刷

印数：1—10000 册　定价：10.00 元

序　　言

中共中央、国务院[2007]1号文件明确指出，加强“三农”工作，积极发展现代农业，扎实推进社会主义新农村建设，是全面落实科学发展观、构建社会主义和谐社会的必然要求，是加快社会主义现代化建设的重大任务。

我国农业人口众多，发展现代农业、建设社会主义新农村，是一项伟大而艰巨的综合工程，不仅需要深化农村综合改革、加快建立投入保障机制、加强农业基础建设、加大科技支撑力度、健全现代农业产业体系和农村市场体系，而且必须注重培养新型农民，造就建设现代农业的人才队伍。

胡锦涛总书记在党的十七大报告中进一步指出，要培育有文化、懂技术、会经营的新型农民，发挥亿万农民建设新农村的主体作用。

新型农民是一支数以亿计的现代农业劳动大军，这支队伍的建立和壮大，只靠学校培养是远远不够的，主要应通过对广大青壮年农民进行现代农业技术与技能的培训来实现。金盾出版社在对农业岗位培训进行广泛调研的基础上，与中国农业大学老科技工作者协会、华中农业大学老教授协会等单位共同策划，约请数百名农业专家、学者参加，组织编写了“新型农民现代农业技术与技能培训丛书”（以下简称“丛书”）。“丛书”坚持从现阶段我国青壮年农民的文化技术水平出发，突出现代农业技术与技能的传授，注重其先进性和实用性；“丛书”以教材形式编写，共有88个分册，涉及81个农业岗位，除水稻农艺工、蔬菜园艺工、蔬菜植保员、果树植保员分南方本和北方本外，其他均为一个岗位一本培训教材，以方便县（市）、乡（镇）、村组织新型农民培训和农业企业进行岗位培训时选用。“丛书”的组编和出版，还得到了河北农业大学、沈阳农业大学、西北农林科技大学、甘肃农业大学、北京农学院、山东畜牧兽医职业技术学院、大连民族学院、中国农业科学院茶叶研究所、中国农业科学院油料研究所、中国农业科学院郑州果树研究所、中国农业科学院特产研究所、中国农业科学院桑蚕研究所、中国养蜂学会、内蒙古自治区农牧科学院、甘肃省蔬菜研究所、山东省果树研究所、广西壮族自治区柑橘研究所、山西省畜牧兽医研究所等单位部分专家、教授的支持和参与，并列入劳动和社会保障部《全国职业培训与技能鉴定用书目录》，进行推荐，使我们深感欣慰，在此表示衷心感谢。我们希望和相信，通过“丛书”的出版发行，能为新型农民队伍的发展壮大贡献一份力量，也能为现代农业技术与技能培训积累一些可供借鉴的经验。

“丛书”编写时间有限，各分册存在不足或错漏在所难免，恳请同仁和各使用单位批评指正。

编 委 会

2008 年 1 月

目　录

第一章　农机服务类型、组织形式与质量要求

农业机械作业手（农机手）是为农户服务的，因此只有了解当前农机经营服务的类型和农机服务的组织形式，才能决定自己应该以哪一种经营服务类型和什么样的组织形式为农户服务。此外，农机手服务质量的好坏将直接影响到农机手的信誉和收入。特别是在作业量不足的情况下，农机手的服务态度和服务质量将直接影响到客户的多少。市场经济条件下的竞争，主要是服务的竞争，谁的服务好，谁就能赢得客户，就可以主导市场，立于不败之地。作业质量的好坏，是衡量农机服务水平高低的重要标志。

目前我国农机经营服务的类型主要有：承包服务、跨区作业服务、产后服务、为农机专业户服务、中介信息服务和农机租赁服务等。

农机服务的组织形式主要有：农机服务公司（队）、农机服务合作社、农机服务专业户、农机服务协会和农机服务联合体等。

农机作业服务的质量要求可以概括为八个字，即高效、优质、低耗、安全。

现对上述的农机经营服务类型、农机服务组织形式和农机作业服务质量 3 个方面分述如下：

一、农机经营服务类型

(一)承包服务

农民个人筹措资金,购买拖拉机等农机具,除供自己进行农业生产外,还与周围其他农户签订中长期服务合同,按照合同要求为别人提供作业服务,收取一定的报酬。这样,既能搞好自家的农业生产,又为自身装备的更新及生活水平的改善提供了资金支持。

(二)跨区作业

农机专业户在各级农机管理部门的组织引导下,利用不同地区农忙的时间差,开展跨区域作业服务。以小麦联合收割机跨区作业为例,南到湖北省、安徽省、江苏省和河南省,北到内蒙古自治区,可以延长作业期限,增加收入。

(三)产后服务

在搞好耕地、播种和收获等传统服务项目的基础上,拓宽服务领域,为其他农户提供产后一系列服务,以提高经济效益。

(四)为农机专业户服务

主要包括农机零配件供应和农机维修服务等项目,特别是在农忙季节,为正在生产作业的农机专业户提供现场的维修服务。

(五)中介信息服务

有些农机专业户长年从事跨区作业等农机服务，手头掌握了一些农机服务的需求信息，利用这些信息，为其他农机专业户和需要农机服务的农户之间牵线搭桥，并收取一定的费用。

(六)农机租赁服务

购买一定数量的拖拉机及其配套农具，租给别的农户使用，收取租金。

二、农机服务组织形式

(一)农机服务公司(队)

是指各级农机管理部门主办的服务实体，以县、乡两级为主，主要由农机部门的专业管理和技术人员组成。服务的方向以农业生产的各个环节为主。农忙时进行田间服务作业，农闲时参与滩涂开发、荒山治理、交通运输等农村的其他经济建设。这种形式优势明显，技术水平较高，管理也较规范，具有旺盛的生命力。

(二)农机服务合作社

是指由村集体或农机专业户以农机、资金、房屋及其他资产入股，合作经营，在扣除经营费用之后，按股分红、计算收入的合作组织。这种形式的合作,盘活了各方的固定资产,发挥了集体及个人两方面的积极性。

(三)农机服务专业户

是指一批懂技术、善经营、会管理的农机手,大多靠开拖拉机起家,经过多年的经营积累,形成以家庭为基本经营单位的农机服务经营体。他们一开始,是在村或镇农机服务组织中当一名农机手,经过几年的实践,掌握了一定的技术,主动下海闯市场。如一开始跑运输,而后发展运输队,承接工程,到后来的作业服务等,发展势头很快,规模越来越大。

(四)农机服务协会

是指由政府或农机管理部门组织的农机经营者专业合作性的中介组织,如小麦联合收获机协会。协会通过为农机经营者提供优惠的系列化全方位服务,把分散的农机专业户组织起来,进行跨区作业和经营性服务,既提高了机械使用效率,又方便了农民用机,还提高了农机手的收入。这种组织形式在发达国家较为普遍。其合作不改变产权关系,通过服务内容和价格调控,吸引农机专业户和农机用户加入协会。这种形式将成为我国农业机械服务的重要组织形式。

(五)农机服务联合体

是指由两个以上农机经营主体,按协议或契约组成的临时性的松散联合体。农忙季节或有工程项目时,利用联合体的集团优势，进行联合行动，充分发挥所有机械设备的作用。农闲时仍各自为战，灵活经营。这种形式可以由国家、集体和个体进行联合，也可以几家农机专业户自发地进行联合，如小麦联合收获跨区作业，跨区作业的范围已从最初在本省，发展到跨两三个省份。这种形式的最大好处是，有分有合，机动灵活；避免了农机专业户的市场风险，减少了盲目性，深受广大农机专业户的欢迎，是目前我国较为普遍的组织形式。

三、农机作业服务的质量要求

农机作业必须符合农业技术要求，严格执行操作规程，实现田间机械作业定额。作业质量要满足有关部门或单位、行业、协会制定的标准要求，或者大家公认的标准要求，保证高效、优质、低耗、安全地完成生产任务。

高效，就是作业生产率高；优质，就是作业质量好，符合农业技术要求；低耗，就是作业成本低；安全，就是作业过程中保证人身的健康与安全，机具设备和油、物、料等不受意外损失。现对这四个方面的要求分别作以下说明：

(一)高 效

高效就是作业生产率高。作业生产率是机组在单位时间内所完成的工作量。田间作业如耕地、播种、收获等作业的生产率以 667 平方米(1 亩)/班或 667 平方米/小时表示。固定作业如脱粒、清选、扬场等作业的生产率以吨/班、千克/班或吨/小时、千克/小时表示。运输作业的生产率以吨·千米/小时表示。

提高作业生产率是农业生产抢农时、夺高产的重要保证,也是农机作业优越性的体现。在保证作业质量的基础上,尽量缩短作业时间,提高作业效率,既可以为客户抢夺农时,又可以为更多的客户服务,从而增加收入。

影响作业生产率的主要因素是机组的工作幅宽、工作速度和班内作业时间的利用程度。机组的工作幅宽和工作速度越大则作业生产率越高。提高机组的工作幅宽和工作速度的关键在于农具与拖拉机的合理配套。两者配套合理,就可以充分发挥拖拉机的功率,防止"大马拉小车",既浪费拖拉机的功率,也降低作业生产率。但也要防止"小马拉大车",使拖拉机超负荷工作,造成拖拉机的过早磨损,甚至损坏或发生事故,得不偿失。

班内作业时间的利用程度是指作业过程中班内纯作业时间的长短,因为班内不可能全是纯工作时间,还有非工作时间。在非工作时间中,一类是可以避免的,如准备工作没有做好而耽误的时间。机组在班内转移地块频繁、调动次数过多、机组发生故障、甚至发生事故等,都会造成机组在班内非工作时间的增加。其解决办法是加强机组作业前的检修和保养,保证其使用的可靠性;根据不同作业性质,做好相应准备工作,如道路、桥梁应保证机组顺利通过;及时腾地,平整地块内的沟、埂和凹坑;播种作业的及时供应种子,收获作业的及时保证卸粮等。同时,农机手与农户要密切配合,相互协作,尽量避免非工作时间的增加。另一类是不可避免的，如机组在地头转弯时的空行。机组在班内的检查和保养、播种作业时的加种子、喷药作业的加药与加水、收获作业时的卸粮等，都要占用时间。应当采取有效措施，把这些时间降到最低限度。如农机操作手的熟练操作，播种作业的定点加种，收获作业的不停车卸粮等。

这里着重说明一下机组在地头转弯空行时间的问题。因为大多数田间作业机组在地头转弯时都是不工作的。其空行所占的时间多少与作业种类、机组大小、作业地块的长度、作业小区的宽度、机组行走的方法和机组人员操作的熟练程度等因素有关，其中尤以作业地块的长度影响作业生产率最大。机组在面积相等的两种地块上工作时，地块长的，则机组在地头转弯的次数少，转弯空行的时间就短；反之，转弯空行的时间就长。表 1-1 表示耕地机组的班内转弯空行的时间消耗情况。

表 1-1 耕地机组在不同长度地块的班内转弯空行时间消耗

作业地块长度(米)	空行时间(小时)	
	轮式拖拉机机组	链式拖拉机机组
2000	0.4	0.8
1000	0.8	1.2
500	1.4	1.5
200	3.0	3.2

由表 1-1 可知，机组在短地块上作业，空行时间要比在长地块上作业增加好几倍，其作业生产率必然降低，播种机组与此类似。所以，要求机械作业地块应土地连片，

并规划成规则的长方形。使用大中型机组为主的旱田(水浇地)地块,其长度应长一些,一般为500～800米;使用中小型机组为主的水田可以短些,一般为200～400米。作业地块划分成小区时,其小区宽度应为播种机组工作幅宽的倍数。水浇地的小区划分可与排灌的沟渠相结合,且应使小区面积不要小于机组的每班工作量。小区面积过小,班内转移地块频繁,也会降低作业生产率。

(二)优　质

优质就是作业质量必须符合作业的农艺技术要求。但作业质量因作业性质不同而有不同的要求和内容。因此应抓住重点,保证达到作业质量要求。例如,耕地作业应在达到规定耕深的前提下,达到耕平,不漏耕、不重耕等;播种作业应在符合规定播量的前提下,达到播深一致、播量均匀、不漏播等(播种作业的具体农业技术要求在本书第二章的第五部分另有叙述);插秧作业应在不漏插的前提下,达到每蔸的株数均匀一致;病虫害化学防治时,应在符合规定的药剂浓度前提下,达到喷洒均匀、不漏喷、不重喷等;脱粒作业应在保证脱净的前提下,减少籽粒破碎和茎、粒混杂;收获作业应在规定期限内完成收获任务的前提下,达到脱粒干净,减少损失。

机组的作业质量与许多因素有关,是一项综合性的指标,与前后环节都有联系,为了保证作业的质量,一般应抓好以下几项工作:

第一,对所要完成作业的农业技术要求和完成期限,应有明确的、确实可以达到的具体标准,做到心中有数,并采取有效措施予以保证。

第二，作业前做好作业地块的准备工作。这是使机组工作顺利，保证作业质量的前提。作业地块的准备工作，包括播前的腾地，清除田间障碍物，平整田间的临时性沟、埂和凹坑，划出地头线；播种作业时必要插的标杆，以及收获作业地块的割角和割道等。夜间作业地块的准备更要仔细，机组人员也要在作业前熟悉地块。

第三，机组的准备工作，除了要保证拖拉机的良好技术状态以外，还要认真准备配套农具。配套农具直接影响作业质量。农具的准备工作，必须使所选农具的性能符合该项作业的农业技术要求，必要时应对其进行改装。改装工作一定要在作业前完成，并经严格试验，确认符合要求，并在使用可靠后才能投入作业。机组在作业前要经严格的技术状态检查，如果机组的技术状态不合要求，作业过程中依靠操作和调整是无法解决的。农具的技术状态直接关系到作业质量，必须保证。如犁的各个犁体不在同一平面上，就不能耕平；播种机的各个排种装置的排种量不一致，播后各行出苗就不匀；收获机具的脱粒装置间隙不一致，就会产生既脱不净又有碎粒的现象。这些问题都必须在作业前解决。有些作业，如播种、喷药和收获等，在作业开始时还要进行试播、试喷和试割，以检查机组的作业质量是否符合要求。如果不合适，则应在田间实地调试，直到符合要求为止。另外，在准备工作中还应为机组贮备一定数量的易损件，如铧式犁的犁铲，旋耕机的刀片，播种机的开沟器，中耕机的锄铲，喷雾器的喷头等，以便损坏后能及时更换，保证机组的正常工作和作业质量。

第四，作业过程中应正确操作和调整。在作业过程中，由于操作、调整不正确，同样不能保证作业质量，所以农机操作手不但应操作熟练，而且还要认真，并随时注意调整，使机组牵引正确，工作平稳，始终符合作业质量要求。有些作业如收获，更要根据时间的早、中、晚，作物的干、湿、稀、密，地面的高、低不平等情况，随时调整割台高度、拨禾轮的高度和转速，以及脱粒装置的转速和间隙等，以提高脱净程度和减少损失。

第五，选用合适的机组行走方法。各种作业的机组行走方法多种多样，需要根据地块的大小与形状、作业的种类、机组的形式等具体条件，选用合适的行走方法。选用得正确合适，不但作业质量好，而且机组空行少，作业生产率高。这些也与农机操作手的实际操作经验有关。

第六，机组作业质量的检查。这项工作在每班作业开始时、作业中以及作业结束后，都要按照要求认真检查。作业开始时的检查，主要是发现问题及时解决，或采取措施及早改进。作业过程中的检查，主要是检查有无因机组的工作状况的变化而影响到作业质量，从而及时发现问题，及时纠正，免得因发现过晚而无法挽回。作业结束后的检查，主要是总结工作，找出经验和须要改进之处，同时也可会同农户共同验收。有些作业如播种、喷药等，在作业结束后还应复查播种量或喷药量，即检查实际所播的种子量或所喷的农药量，与作业面积的需要量是否相符。

作业质量的检查方法因作业不同而不同，基本上有两种方法。一是目测。例如，耕地作业的耕后地面是否平整，有无漏耕，墒沟、垄背的大小是否合适等；播种作业的播行是否成直线，邻接行是否正确等；收获作业的留茬高度是否合适，脱粒是否干净，碎粒有多少，清粮装置有无吹出籽粒等。二是具体测定。例如，用尺测量耕地深度、播种深度、播种行距和邻接行距，数出播后的行间落粒数等；测定并计算收获的损失率等。

第七，采用复式作业。机组同时完成两种以上作业的方式，称为复式作业。合理采用复式作业可以保证农时，提高作业质量，充分发挥拖拉机的功率，减少机组的进地次数。各种作业的复式作业方式是多样的，须视当地的具体条件而定。耕地机组，如犁上安装合墒器，犁后带耙、带耢（盖）等复式作业，可以在耕地的同时起到平地、碎土和保墒的作用。整地机组，如圆盘耙后带钉齿耙，再带耢（盖）或在圆盘耙后带木框或方木等复式作业，对提高整地的平整度有显著效果。水浇地的播种机组，在播种机前面安装平畦筑埂器，后面带镇压器或耢（盖）所进行的复式作业，能在播种的同时完成筑埂和平整畦面的作业，从而有利于保墒和出苗整齐，提高播种质量。

（三）低　耗

低耗就是降低作业成本。作业成本包括机器折旧费、维修费、油料费、工资和企业管理费等。其中机器的折旧费与使用年限有关，使用年限长则折旧费低。维修费的多少变化较大。实践证明,凡是能认真维护保养并正确操作的,则机器的故障少,零部件的使用寿命长,修理间隔时间就长。油料费在作业成本中占有一定的比重。机组的耗油量是指主燃油的消耗量。我国农用拖拉机的主燃油都是柴油。为了减少耗油量,应采取以下措施:

第一,合理区划作业地块和选用适当的机组行走方法,完善机组作业的组织工作,以减少机组空行、空转时的耗油量。

第二,保证拖拉机的良好技术状态,以提高其动力性能。使拖拉机工作时,经常达到或接近所规定的额定功率。

第三,保证农具的良好技术状态。通过认真检修、正确安装和调整、定期润滑、保持工作部件处于良好的技术状态等,可以减小农具的工作阻力,也就减少了燃油的消耗。

第四,提高拖拉机的牵引效率。牵引效率的高低就是对拖拉机的功率利用是否充分。拖拉机的牵引效率越高,即拖拉机的功率发挥得越充分,拖拉机的耗油率就越低。实际工作中,为了提高拖拉机的牵引效率,就要注意对农机机组进行合理的编组,如增加农具的工作幅宽,提高机组的工作速度,采用联合作业或复式作业机组等方法,使拖拉机在接近额定功率的情况下工作。有时在生产中,因受地块大小、土壤状况、农业技术要求等因素的限制,不能采取增加农具工作幅宽或提高机组工作速度的措施,也不能采用联合作业或复式作业的方法,来提高拖拉机的牵引效率，这时就可以用“高挡小油门”的办法减少耗油量。

机组作业时除消耗主燃油（柴油）以外，还要消耗汽油、机油、黄油和齿轮油等副油料。不过这些副油料的消耗量较小，根据使用经验，副油料的消耗量可用其与主燃油消耗量的百分比来表示（表1-2）。

表1-2 副油料消耗与主燃油消耗的百分比

副油料名称	副油料消耗与主燃油消耗的百分比(%)
汽 油	1
机 油	4～4.5
黄 油	0.5～1
齿轮油	0.5～1

工资费和企业管理费基本上是固定的，但企业管理费的多少与企业的管理水平有关。

(四)安 全

农机作业的安全生产极为重要，尤其是在大忙季节，农时紧张，为赶任务往往忽视安全保障，因而最易发生安全事故。安全保障就是要保证机组人员和其他相关人员的人身安全和健康，以及防止机具、设备等发生事故而遭受损失。农机作业的安全保障主要有以下几点：

第一，认真执行有关作业安全的规章制度。农机手和其他有关人员必须严格遵守安全作业的一切规章制度。必要时，可结合当地具体情况制订补充的安全条例，采取有效措施保证实行。

第二，农机手应熟悉机具的构造、性能、操作注意事项以及容易发生危险的地方。作业前必须了解作业地块和所要通过道路的情况，查明有无障碍物，如深坑、高埂和地下暗沟等。尤其夜间作业时更要小心。作业过程中必须精力充沛，注意力集中。

第三，机组良好的技术状态不但是提高机组生产率，提高机组作业质量和降低作业成本的保证，也是安全作业的重要前提。

第四，对于机组及其作业地点、自然条件和作业过程中可能发生的不安全因素，应经常分析了解，采取预防措施，防患于未然。

第五，生产中常见的安全隐患：一是由操作不熟练的人员进行作业；二是不懂机具构造、性能的人员擅自乱动；三是对机具构造、性能似懂非懂的人员操作机具，在农忙中最易引起故障；四是作业过程中机组人员思想麻痹，粗心大意；五是因作业时间过长而造成机组人员过度疲劳，又累又困，这时最易出事。

以上讲述了农机操作手为农户服务时，在优质、高效、低耗和安全四个方面的质量要求。这四者是相互联系、相互影响的。农机作业首先要保证作业质量，如果机组生产率不高，不但耽误农时，而且也不能达到增产、增收的效果。机组作业成本又是前二者的反映，一般说来，机组生产率高，作业质量好，作业成本就低；反之，则高。而安全生产是前三者的保证，没有安全生产也就没有前三者，也不可能完成生产任务，所以“生产必须安全，安全为了生产”。

总之，农机操作手要善于为客户提供人性化服务，满足客户的增值要求，急客户之所急，想客户之所想。在为客户提供满意服务的基础上，主动提出设想和建议，要以积极热情、主动周到的态度，去为客户服务，而不是被动地应付差事。

农机操作手还要认真学习和掌握各项作业标准和服务要求，严格依照作业规程、规范操作，提高农机具的完好率，做到心中有数，游刃有余；不断树立服务品牌意识，自觉依靠优质服务赢得农户信任；积极参与市场竞争，提高市场竞争力和农机经营效益，壮大自身服务实力；树立法制意识，熟悉各类作业合同，适应农机作业的法制管理，维护自身权利，保障农户利益。

要建立作业质量检查验收制度，采取机组自检和专人检查验收相结合的办法；要增强事业心，树立责任感，以高度负责的精神做好服务工作，赢得市场。

思考题

1. 农机经营服务的类型有哪些？
2. 农机经营服务的组织形式有哪些？
3. 怎样提高农机作业效率？
4. 怎样保证农机作业质量？
5. 怎样降低农机作业成本？
6. 农机作业中最容易发生的安全隐患有哪些？
7. 农机专业户为农户提供优质服务的关键是什么？
8. 农机操作手最主要的素质是什么？

第二章　播种机械作业手须掌握的基础理论与基础知识

农机作业种类多，变化大，农时又十分紧张，因而对农机操作人员的要求很高。它要求农机操作人员除了素质高、责任心强以外，而且在技术上不但要会驾驶拖拉机，还要能操作、调整各种配套农具；不但要经过考试取得驾驶证，会驾驶拖拉机跑运输，还要会各种田间作业，并保证达到农业技术要求的作业质量；不但要会保养，会排除故障，还要会维修农机具和进行必要的改装；不但要懂得农机的知识，还要懂得农业生产的知识等。农机操作人员除了要学习农业机械本身的专业知识以外，还应学习农业技术基础知识和农业生产资料知识，做到农机与农艺的合理结合。因此，农机操作人员做好自我培训教育，提高自身科技素质和驾驶操作技能是非常必要的。

一、农业机械驾驶员的取证

（一）分　类

第一，农业机械驾驶员，分为学习驾驶员和正式驾驶员。

第二，学习驾驶员须具备的条件：年满 18 周岁，但不要超过 60 周岁；身高不低于 150 厘米；两眼视力不低于标准视力表0.7或对数视力表4.9(允许矫正)；无红、绿色盲；两耳分别距音叉50厘米能辨别声源方向；心肺、血压正常；无妨碍安全驾驶的其他疾病及生理缺陷。

第三,凡申请学习农业机械驾驶技术的人员,应填写驾驶员登记表,交验身份证,接受身体检查。农机监理机构对符合规定的,考试理论科目合格后,核发学习驾驶证,定为学习驾驶员。学习驾驶证的有效期限为2年。

第四,对持有学习驾驶证并掌握驾驶操作技术的,经农机监理机构培训,考试技术科目合格后,核发驾驶证,定为正式驾驶员。农业机械驾驶证的有效期为6年。

第五,驾驶员需要增驾时,持本人有效驾驶证,到农机监理机构办理增驾手续。经审核同意,填写有关表格,并发给盖有"增驾"字样的学习证。实习期间不准办理增驾手续。

(二)考　试

1. 理论科目　机械常识,操作规程；交通法规,安全常识。

2. 技术科目　挂接农具,田间作业,场地驾驶,道路驾驶。

以上科目按顺序进行考试。上述科目中任何一项不及格,以下各项科目均不再进行。理论科目每项允许补考2次,技术科目每项允许补考3次。

补考后仍不合格者,本次考试即告终止,原合格科目也不再保留。在学习驾驶证有效期内,要重新申请考试。

3. 场地安排　小型方向盘式和手扶式拖拉机进行场

地驾驶、道路驾驶科目考试时，拖拉机后面要带挂车。大中型方向盘式拖拉机的驾驶考试，可用单机或带挂车方式进行场地驾驶的考试。

拖拉机变形运输机的场地、道路驾驶科目考试，按同类型拖拉机的有关规定进行。

履带式拖拉机不进行道路驾驶科目考试，场地驾驶科目考试不拖带挂车。

增驾履带式拖拉机，只进行挂接农具、田间作业和场地驾驶科目的考试。增驾方向盘式、手扶式拖拉机，须进行挂接农具、田间作业、场地驾驶和道路驾驶科目的考试。

汽车驾驶员驾驶农业机械从事农田作业，必须经过农机监理机构考核发证。考核时免考交通法规和安全常识科目。

(三)驾 驶 证

第一，驾驶农业机械时，必须携带驾驶证；无驾驶证者，不准驾驶农业机械。驾驶员驾驶的农业机械，必须与驾驶证上的准驾类型相符。

驾驶证不准挪用、转借、涂改和伪造。

第二，驾驶证遗失，凭个人有效证件及时到农机监理机构申请补发。

因驾驶证损坏、照片与本人近貌不符或驾驶证内记录栏填满时，可到农机监理机构凭原驾驶证换领新证。

(四)年度审验

驾驶员自领取驾驶证之日起，必须按农机监理机构的规定参加年度审验。审验合格的，农机监理机构在驾驶证审验栏签注盖章。未办理年度审验手续或审验不合格者，不准继续驾驶农业机械。

二、农业机械的选购

选购农业机械时，首先要对农业机械的使用特点和农机机组的类型有所了解。只有这样，才能选对、选准并购买到合适的农业机械。

(一)农业机械使用的特点

1. 艰苦性　农业机械主要是在露天工作，作业对象是土壤和作物。土壤有软有硬、有湿有干，作物也是多种多样，加上气候的变化、气温的高低和风沙的侵蚀等外界原因，易使机械发生变形和损坏。所以，首先在制造上要求农业机械坚固耐用，才能经得住这些艰苦条件的考验。在使用上，更要注意加强维护保养，克服和减轻艰苦条件所造成的不利影响，尽量减少其磨损，延长其使用寿命。

2. 地区性　农业机械的地区性比较突出。由于各地区土壤、作物、耕作制度和栽培方法等差异较大，即使是同一种作物，也会因地区不同而对农机有不同的要求，因而农业机械的种类比较多。另外，为了适应地区性的特点，在相同的农机主体以外，还配备了各种类型的工作部件，以供购买时选择。在选购农业机械时要注意这一点。即使这样，有时因使用部门的地区特点，现成的农机具还是不能满足农业要求，这就需要对农机具(尤其是配套农具)进行必要的改装。所以,农机使用中的改装是一项重要内容。农机具的改装工作应在农闲时进行,而且在正式作业前对改装的农机具必须经过多次试验,确认可靠后才能投入使用。

3. 紧迫性 大多数农机作业的农时很紧张,因此农机作业的时间很短,一般都以“养兵千日,用在一时”来比喻农机使用的紧迫性。而且,在使用中要求不出故障,不发生事故。因此,作业前对农机具进行认真的维修和保养,消除一切隐患,保证其良好的技术状态及其使用的可靠性,便成为农机使用中的关键问题。此外,由于农机使用时间短,停放时间很长,所以农机具在停放期间的保管也很重要。如果保管不好,农机在停放期间的损坏就会超过使用期间的损坏。

(二)农机机组类型

农机机组按其工作方式可以分为固定式机组和移动式机组两大类。固定式机组工作时固定不动,由动力机械的动力输出轴或皮带轮驱动农具进行作业,如脱粒、清选、扬场和排灌等机组。移动式机组工作时是行走的,由动力机械牵引农具进行作业,如耕地、耙地、播种、中耕、喷药和收获等。

移动式机组按其动力机械与农具相连接的方式,可分为牵引式、悬挂式、半悬挂式和自走式4种。

牵引式机组的农具本身有行走装置,与拖拉机单点连接。牵引式机组的优点是:作业时工作比较稳定,与拖拉机连接方便,配套要求不严格。由于农具重量不受限制，因而可与大功率拖拉机配套。牵引式机组还便于复式作业。其缺点是机组的机动性差，在地头转弯和倒退不方便，不易耕(播)到地边和地角。所以，不适于在小地块或不规则地块作业。另外，牵引农具的重量大，成本比较高。

悬挂式机组的农具本身无行走装置，重量轻，与拖拉机的悬挂机构成三点或二点挂接，机组在运输状态时农具的全部重量都由拖拉机承担。悬挂式机组的机动性好，地头转弯和倒退方便，可以耕(播)到地边和地角，工效高，可满足小地块或不规则地块的作业需要，故目前使用较多。其缺点是工作不如牵引式机组稳定。同时，由于农具的重量受到限制，使其入土性能差，与拖拉机的配套要求高，不便于复式作业。

半悬挂式机组的农具与拖拉机的悬挂机构成三点或二点挂接，其后部有行走轮，运输状态时可以支承一部分重量。半悬挂式农具可与大功率拖拉机配套，兼有悬挂式和牵引式机组的优点。

自走式机组的动力机械直接安装在农具上，并有行走、操纵机构。如自走式联合收割机。

(三)选购农机产品的注意事项

1. 查看随机文件资料是否齐全　主要是说明书和产品合格证。说明书应详细介绍农机产品的构造、工作原理、使用保养方法和三包服务(保修卡)等项内容。机身的显著位置贴有菱形的农机推广许可证证章。机身上应有铭牌，内容包括农机的主要参数、生产厂家名称、地址、执行标准代号和生产许可证编号。

2. 认真观察农机产品的外表情况 主要是从垂直和水平两个角度，观察整台机器有无变形，整机外表有没有缺漆、严重划痕、鼓泡等现象，金属材料必须涂有防锈漆作底漆，机器覆盖件、钣金件应平整光滑等。

3. 详细检查机器装配情况 检查农机各处零部件是否完整无损、无误，是否安装规范。所有非调整螺钉、螺栓和螺母都应确实拧紧，并按规定的办法锁紧，严禁用铁丝或铁钉代替开口销等。农机的所有转动、传动和操作装置，应运转灵活，无卡滞。要有可靠的安全保护装置。凡是对使用者人身安全有可能产生危害的地方，都应设有安全保护装置。在易发生事故的部位，必须有永久性的警示标志。

4. 要进行开机试验 特别是拖拉机、联合收割机和农用车等运输机械，要通过试验来了解其机动性能是否良好，发动机工作时是否运转平稳，燃烧情况和发动机声音是否正常，方向、刹车、油门等是否灵敏可靠。高速运转的农用机械（如脱粒机和粉碎机等），要特别注意机器滚筒的平衡情况。带有压力容器的机器（如机动喷雾机等）应通过试验，了解它的液泵压力能否达到规定值，安全阀作用是否正确，管道与接头是否有泄漏等。

（四）检验及报户

第一，申请农业机械报户。领取号牌和行驶证，须持居民身份证、农业机械来历凭证，到当地农机监理机构申请初次检验。检验合格的，由农机监理机构核发号牌和行驶证。

第二，凡领有号牌和行驶证的农业机械，须按农机监理机构的规定参加年度检验。

第三，年度检验项目为号牌、行驶证有无损坏、涂改，行驶证各项记载与农业机械是否相符，农业机械与主要配套农具的安全技术状态。

第四，年度检验合格，农机监理机构在行驶证内签注和盖章，并发放合格证。

第五，农业机械启封复驶，或根据农时季节安全生产需要，农机监理机构对农业机械及其主要配套农具进行临时检验。

第六，年度检验和临时检验不合格的限期修复，重新进行检验。

(五)牌　证

第一，行驶证编号须与农业机械号牌编号相同。

第二，号牌一副 2 块，各悬挂于农业机械的前、后端规定位置。农业机械拖带挂车时，一块悬挂在农业机械前端规定的位置，一块悬挂在挂车尾部规定的位置。挂车后挡板外侧要喷刷与号牌编号相同的放大字号。

第三，农业机械号牌、行驶证遗失或损坏后，应及时到农机监理机构申请补换。号牌、行驶证未补换前，发给临时号牌或待办凭证。

第四，异地登记。

一是领有号牌、行驶证的农业机械，在转籍、过户和变更时，须按规定到农机监理机构办理变更手续。

二是转籍。当农业机械转出本辖区时，须到农机监理机构办理转籍手续。农机监理机构收回原号牌，发给临时号牌，填写转出证明，并在行驶证上签注转出事项，加盖农机监理机构的印章。

当农业机械转到其他辖区后，持转出证明向当地农机监理机构办理转入手续。农机监理机构审核后，收回原行驶证，发给新号牌和行驶证，并将回执寄给原籍农机监理机构。

三是过户。农业机械在本辖区内所有权改变时，凭行驶证及其他有效证件，到农机监理机构办理过户手续。农机监理机构在行驶证和检验表的变更栏内签注盖章。

四是变更。农业机械所属单位名称、住址和初次检验项目有变动时，须持行驶证和其他有效证明，到农机监理机构办理手续。农机监理机构在行驶证和检验表变更栏内，填写变更内容并盖章。

五是农业机械的封存与报废，均应到农机监理机构办理手续，交回行驶证和号牌。

三、农业机械的维修保养

农业机械是一种技术含量高、结构比较复杂的专门化生产工具，所进行作业的工作条件比较恶劣，操作人员的技术水平、专业知识和素质差别较大。同时，作为一种生产工具，随着使用期限的延长，机械零部件也会因正常磨损而引起使用性能下降，影响正常使用。所以，农业机械的使用管理中缺少不了维修保养这个环节。

维修保养大致可以分成两部分内容：一部分是技术保养，即农机手在使用过程中对机具能够做到的合理保管、日常检修、定期维护保养及正确的操作使用，这样可延长机具使用寿命，提高机具应用效果。另一部分是修理，即靠农机手自身的条件和手段不能够解决的维修内容，如机具主要部件损坏的修复或换件修理，使用到一定期限后进行的中大型修理及检测调整等，就必须到专门的农机维修服务网点或站、厂，请专业人员修理。

(一)技术保养

农业机械的保养，要按照"防重于治，养重于修"的原则，切实执行技术保养规程。动力机械要按主燃油消耗量确定保养周期，按时、按号、按项、按技术要求进行保养，使其达到技术保养标准，确保机具处于完好的技术状态。

农业机械的保养，要严格按照使用说明书及当地农机管理部门规定的内容进行。动力机械的高号保养，应在机务管理人员指导下于室内进行。

燃油动力机械要做到四不漏(不漏油、不漏水、不漏气、不漏电)、五净(油净、水净、气净、机器净、工具净)、六封闭(柴油箱口、汽油箱口、机油加注口、机油检视口、汽化器及磁电机 6 个器件的封闭)。配套农具要实行常年修理，做到三灵活(操作灵活、转动灵活、升降灵活)、五不(不旷、不钝、不变形、不锈蚀、不缺件)、一完好(技术状态完好)。

(二)修　理

拖拉机、汽车及内燃机大修，必须由具有大修能力的农机修配厂承担。农机修配厂要保证大修机车达到质量验收标准规定的功率、耗油率等技术经济指标，实行三包，并有明确的保修期限。

要根据农机作业需要，对农业机械的技术状态进行定期检查，保证及时修理。小型拖拉机可实行定期检测、按需修理的办法修理。

农机的维护修理，也存在着服务质量问题。为了保护农民的合法利益，我国农机主管部门会同工商管理部门，就规范农机维修行为、加强维修管理和保证维修服务质量的问题，制定了相应的管理监督办法。农民可以依照这些办法，去选择为自己提供维修服务的单位和个体修理户。

目前，我国的农机产品维修服务，可以划分为 2 种形式：一是农机产品制造厂商在各地设立的特约维修服务站(点)，主要负责所产机具的售后服务及换件修理等；二是农机主管部门会同工商管理部门核准的农机维修单位和修理专业户(发给专门证书："维修技术合格证书")。

农民的农机具需要维修服务时，首先应考虑到厂商的特约维修服务站(点)去进行维修，其次考虑到具有"维修技术合格证书"的修理服务单位或专业户去维修。若发生修理质量纠纷，只要是在获证单位(或个人)修理的，一般都能得到圆满解决。需要提醒的是，机具需要维修服务时，不要找无证的修理服务单位或个体户。

农机维修者，即从事农机维修的单位和个人，必须具备相应的维修设备和检测仪器，经县级或县级以上农机管理部门审核，取得技术合格证，办理营业执照后，方可从事农机维修业务，并接受农业机械管理部门对其维修技术等级和维修设备年度审验。

农机维修者必须依照农机维修技术标准进行维修，保证维修质量。农机维修技术标准由省农机管理部门制定，报省技术监督部门备案。农业机械维修收费标准，由省物价部门会同省农业机械管理部门制定。

农机维修实行保修期制度。动力机械保修期不少于6个月，其他农机保修期不少于3个月。在保修期内正常使用的情况下，出现修理部位质量缺陷的，农机维修者应当负责返修，给用户造成损失的应当给予赔偿。

各级农机维修网点应严格执行农业机械修理工艺规程及修理质量技术标准；农机修配厂要加强对修理设备的管理和维修，保证设备精度，提高设备利用率。

农业机械出现了故障，要及时进行排除或修理，绝不能因为怕花钱而让机器带病作业。农机手要谨记，这样做是很危险的，一旦事故发生了，后悔就来不及了。所以，在机具使用中发现异常后要立即停机，查明原因并确认故障已排除后方能重新作业。如果遇到的故障自己排除不了，就要找专业人员帮忙解决和修理。

四、农业生产资料基础知识

农业生产资料是农业生产的基础，肥料、农药、农膜和油料等是重要的农业生产资料，应用现代农业科学技术、生产技术和科研管理技术，进行生产、管理和使用，从而高效地用肥、用水和用药，达到农业优质、高产、高效的生产目的。

(一)肥　料

1. 化学肥料(化肥)

(1)化肥在农业生产中的作用　化肥又称矿物质肥或无机肥，是用化学方法合成或将矿石加工而制成，有的是工业的副产品。化肥是现代农业重要的生产资料之一。

化肥的作用：一是增产效果显著；二是增加新肥源；三是肥效快，养分含量高，便于机械施肥，省工省时。

目前使用的化肥主要有氮、磷、钾肥料，还有微量和中量营养元素肥料。科学施肥：一是依据不同土壤和作物，确定需要的肥料施用量和配比。在作物生长过程中，要确定最佳施肥量。二是把握关键施肥时期。在作物生长的营养临界期和营养大量吸收期，合理采用基肥、种肥和追肥相结合的施肥方式。三是根据化肥特点采用合理的施肥方式。可采用撒、穴、蘸、喷、浸、拌等方法，特别是利用机械深施及覆土，效果更好。四是与其他农业技术措施组装配套，形成最佳组合和多项技术集成，进一步提高科学施肥的效果。

(2)化肥的养分含量　通常仅指氮、磷、钾素，未包括其他养分。氮素含量以N(%)、磷以P_2O_5(%)、钾以K_2O(%)表示。我国化肥的实物吨数折合标准肥量，氮(N)按

21%、磷(P_2O_5)按 18%、钾(K_2O)按 25%为 1 吨标准肥。即 1 吨 N(纯量)约合 4.76 标吨氮肥，1 吨 P_2O_5(纯量)约合 5.56 标吨磷肥，1 吨 K_2O(纯量)约合 4 标吨钾肥。常用的化肥有以下五种：

①氮素化肥(氮肥)：多指含氮单质肥料。一般易溶于水，是速效肥。

氮肥一般作基肥或追肥用。碳铵、氨水挥发性大，旱地必须深施入土。硫铵常用作种肥；碳铵、氯化铵、尿素和石灰氮，不宜作种肥；尿素还可以根外追肥；硝铵作种肥要控制用量，尽可能避免与种子接触。

②磷素化肥(磷肥)：多指含磷单质肥料，一般为粉状或粒状。磷肥在土壤中容易被固定。水溶性磷肥宜作基肥或追肥。普钙也可以作种肥，有时用作根外追肥。

③钾素化肥(钾肥)：多指含钾单质肥料，一般为白色或淡黄色晶体。钾肥可作基肥或追肥，不作种肥。钾肥应适当深施，以基施为主，追施宜早。钾肥必须和氮、磷肥配合施用。

④复合(混)肥料：仅由化学方法制成的复混肥料称为复合肥料。其中氮、磷、钾 3 种养分中含有 2 种的叫二元复肥，含有 3 种的叫三元复肥。一般用所含氮、磷、钾三要素的有效成分命名，养分含量习惯用 N—P_2O_5—K_2O 表示。根据肥料功能，可分成通用型、专用型和多功能型。复混肥养分比较齐全，配比也较合理，适于机械施肥，施用方便。

复合肥可作基肥或种肥(施在种子旁 2～3 厘米远、

4～5厘米深处)，以作基肥为主，深施入土为好，再配合施用氮肥作追肥。具体数量比例依据土壤、作物等而定。作追肥宜早施。

⑤微量元素肥料(微肥)：指具有一种或几种微量元素标明量的肥料。作物对微量元素需要量极少，一般只是常量元素的几十分之一至几万分之一。土壤中所含的微量元素一般可以满足作物的需要。但是部分土壤微量元素的可给性很低，致使作物出现微量元素缺乏症状。另一方面，随着氮、磷、钾肥的大量施用，农作物产量不断提高，土壤中某些微量元素呈现不足，需要施用微肥。目前，我国常用的微肥有农用硫酸锌、硫酸锰、硼砂、硼酸、钼酸铵、硫酸铜和硫酸亚铁等。

微肥易被土壤固定，施用的方法要科学。如硫酸亚铁采用溶液喷雾；硫酸锰、硫酸铜作土施基肥，最好与其他生理酸性肥或有机肥配合施；硫酸锌、钼酸铵可拌干细土施用；硼肥可拌有机肥施用；锌肥切忌与磷肥混合。微肥易溶于水，通常叶面喷雾作追肥效果良好。

2. 生物菌肥

(1)生物菌肥在农业生产中的作用　生物菌肥是把一些细菌经过技术处理后，使之成为能够固化土壤、保持营养物质的生物细菌肥料。生物菌肥是将农作物的秸秆切碎后放入发酵池中，加进菌种，经过与牲畜、人的粪便混合发酵后，取出来施到田里。这些细菌能够较好地固化空气和土壤中的氮，同时具有分解磷和钾的特性。氮、磷、钾是植物生长必需的营养物质，也是污染水源的主要物质，分解后的氮、磷、钾对水的污染会降得很低。

生物菌肥的作用：①具有广谱性，适用范围广。②能提高农产品的品质，是发展绿色食品的最佳肥料。③可促进植物生长，增强其抗逆性。④改良土壤，培肥地力。⑤增产幅度大。⑥可降低成本，提高经济效益。⑦无污染，无公害。⑧使用方便，省时省力。

生物菌肥使用方法简单，可以拌种、蘸根、沟施、撒施、浇施和穴施，不受节气和土壤墒情影响。

(2)常用生物菌肥简介　生物菌肥主要有以下几种：

①生物钾肥：可以改良土壤结构，平衡作物营养，增强作物抗病虫害、抗寒、耐旱、抗倒伏能力。适用于水稻、小麦、玉米、蔬菜、果树和瓜果等各种农作物。

②生物磷肥：主要是通过磷细菌，将土壤中的无效磷转化为速效磷，为作物提供磷元素，促进作物生长。

③禾本科根际联合固氮菌：可固定空气中的氮，供作物吸收利用；同时细菌的代谢产物产生植物激素和细胞分裂素、赤霉素等，能促进作物生长发育。主要用于水稻、小麦和玉米等禾本科作物。

④复合生物菌肥：利用微生物在土壤中分解有机质，而使微生物自己生长与繁殖。它可将空气中的分子态氮固定下来，转化为作物可以吸收的氨态氮，同时将土壤中不溶的磷和钾分解为可溶性磷元素和钾元素，为作物吸收利用，并通过有益微生物在土壤中的大量繁殖，达到抑制土壤中有害病原菌的生长传播，提高作物的抗病能力。

⑤微生物固氮肥：能通过固氮为农作物提供氮元素，

可用于各种农作物。

与化肥相比，利用土壤中一些有特定功能的细菌而制成的菌肥，具有改良土壤、减少和消除长期大量使用化学肥料和化学农药造成的环境污染和公害，大幅度地提高农产品的质量等级，并且还能提高农作物的抗病能力，提高我国农产品在国际市场上的竞争力。菌肥是 21 世纪生态农业的首选肥料。

3. 抗旱节水化学调控制剂 常用的抗旱节水化学调控制剂主要包括 3 类：一是用于种子和幼苗的抗旱型种子复合包衣剂和保水剂；二是用于土壤的土壤保墒剂和土壤结构改良剂；三是用于植株的黄腐酸(FA)抗旱剂。

(1)抗旱型种子复合包衣剂和保水剂 主要用作种子包衣和幼苗蘸根。

(2)土壤结构改良剂和土壤保墒剂 主要用作播前混土和播后覆盖。

(3)黄腐酸(FA)抗旱剂 这是一种以黄腐酸为主要成分，加入植物生长所需要的一些营养元素，所制成的一种化学抗旱节水制剂，代号为 FA，俗称旱地龙，是棕黑色、无定形片状或粉末状的。它有较强的生理活性，可以缩小作物叶片气孔开张度，降低叶片蒸腾强度，提高作物抗旱能力，还能增加叶绿素含量，增强光合作用，促进根系发育。

FA 具有使用简便、适应性广、无毒、无副作用、安全可靠、见效快和价格便宜等特点。使用方法有喷施、拌种和浸种 3 种。主要用作植株叶面喷施。在作物生长期中遇到干旱时，尤其是水分临界期时喷施叶片效果最好。

上述3类制剂适合于各类作物和各种地区，可根据不同需要采用不同施用方法，起到旱地抗旱，水地管水，有旱抗旱、无旱增产的作用。

(二)农　药

农药是指用于预防、消灭或控制危害农林作物及其产品的害虫、螨类、病菌、杂线虫和鼠类等有害生物，以及有目的地调节植物、昆虫生长的化学物质。

1. 农药的分类　农药按其来源大致可分为化学农药、生物农药和植物源农药三大类。

(1)化学农药　主要指农业生产中广泛应用的以保护农业、林业、畜牧业、渔业生产和环境卫生的除化学肥料以外的各种化学药品，都叫化学农药。

(2)生物农药　利用细菌、真菌、病毒等微生物或其代谢产物，通过一定的方法加工制成的一类药剂。

(3)植物源农药　利用植物的根、茎、叶、花、果实和种子为原料，经过一定的方法加工提取的有效物质制成的一类药剂。

农药按防治对象可分为杀虫剂、杀螨剂、杀菌剂、除草剂、杀线虫剂、杀鼠剂和杀软体动物剂等。这里主要指防治农林牧业植物病、虫、草、鼠等有害生物的农药。

2. 农药的剂型　农药的原药通常是不能直接使用的，要经过加工，制成一定剂型的制剂，才可以使用。一种农药可以根据生产需要加工成多种剂型，如粉剂、可湿性粉剂、乳油、油剂、颗粒剂、可溶性粉剂、烟剂、悬浮剂和毒饵等。农药剂型名称，由有效成分含量、农药名称和剂型表示，如40%氧化乐果乳油。

3. 农药的使用

(1)农药的合理使用

①坚持“预防为主，综合防治”的植保方针。就是说要以农业措施为基础，综合运用物理、生物和化学防治措施。

正确使用化学农药，要严格遵守国家有关农药使用的一系列政策和规定，如《国家禁止在蔬菜上使用高毒农药的规定》、《农药安全使用规定》、《农药安全使用标准》和《农药合理使用准则》等，这样才能保证正确合理地使用农药，保障使用者和农产品消费者的安全。

②正确选择农药品种和剂型，对症下药。坚持高效、低毒、低残留、选择性强、对天敌安全的原则。

③适时用药，取得最佳效果。要避免在作物药害敏感期用药而造成药害。

④严格掌握用药量。应严格按照说明书标明的推荐剂量使用农药。

⑤坚持轮换用药，合理混配用药。

(2)农药的安全使用　农药是一类特殊的有毒物质，在使用中如果处理不当，会对环境、作物、农产品以及施药人员造成污染和伤害，所以必须安全使用。首先，施药人员要做好防护工作，施药时佩戴防毒面具和防护用品，不要使手、皮肤和眼睛等部位直接与农药接触。夏季高温天气和正午时，不能喷洒农药。一次喷药时间不能过长。施药后，要及时洗浴，清洗被农药污染的衣物。其次，要保护环境，减少农药对环境的污染。不要乱扔包装物，不要在水域中洗刷施药器具。最后，要将农药保存在安全、儿童接触不到的地方，不能与食品、粮食、种子、饲料一起保存。

(三)农　膜

农膜是塑料薄膜，作为地面、近地面、棚室和温室等覆盖材料，对农作物进行保护栽培，从而改变植株周围的小气候，使其能在一定范围内的不良气候条件下，比较正常地生长发育，达到提早收获、增加产量、提高品质、扩大繁殖系数、获得较高经济效益的目的。

农膜可分为棚膜(用于棚室覆盖)和地膜(用于地面覆盖)两类。

1. 棚膜的种类和性能　棚膜从树脂原料上区分，有聚乙烯(PE)膜、聚氯乙烯(PVC)膜和乙烯—醋酸乙烯膜。从结构性能上区分，有普通膜、防老化膜、长寿膜、双防膜、多功能膜和多功能复合膜等。

(1)普通膜　连续覆盖使用期在 4～6 个月，膜面易结露滴，影响透光。主要用于中小棚覆盖栽培和塑料大棚的保温覆盖，厚度范围在 0.03～0.05 毫米。

(2)防老化膜　连续覆盖使用期在 10～18 个月，主要用于塑料大棚覆盖。在江南及江淮地区，其厚度多在 0.05～0.08 毫米；在华北、东北和西北地区，其厚度多在 0.1～0.12 毫米。

(3)长寿膜　连续覆盖使用期比防老化膜长，在 24

个月以上，主要用于塑料大棚覆盖。在江南及江淮地区，其厚度多在0.05～0.08毫米；在华北、东北和西北地区，其厚度多在0.1～0.12毫米。

(4)双防膜　它不仅具有防老化膜的特性，还具有防雾滴性。聚乙烯双防膜的防雾滴持效期一般为3～4个月，聚氯乙烯双防膜的防雾滴持效期可达4～6个月。主要用于塑料大棚和普通温室覆盖。在江南及江淮地区，其厚度多在0.05～0.08毫米；在华北、东北和西北地区，其厚度多在0.1～0.12毫米。

(5)多功能膜　除具有防雾滴、防老化性能外，还具有保温、散射光透过率高等功能，有的还有一定的防病功能。

多功能复合膜主要用于塑料大棚和日光温室覆盖，华北、东北、西北和江淮地区使用较多，厚度多在0.08～0.12毫米。

此外，还有转光膜、漫散射膜和韭菜膜等特殊功能膜。多功能、高效能、复合型将是我国棚膜今后发展的主要方向。

生产上应根据栽培设施、使用季节和地区的不同，选用不同种类和不同厚度的棚膜。

2. 地膜的种类和性能　地膜按基础树脂的不同，可分为高压聚乙烯(LDPE)地膜、高密度聚乙烯(HDPE)地膜、线性聚乙烯(LLDPE)地膜、高压聚乙烯与线性聚乙烯共混地膜、高压聚乙烯与高密度聚乙烯共混地膜、线性聚乙烯与高密度聚乙烯共混地膜等种类。

按功能与用途的不同，可分为普通地膜和特殊地膜。

地膜品种繁多，覆盖作物种类也广，其覆盖方式也多种多样。一般多采用小高畦覆盖栽培，即采用宽60～80厘米、高10～15厘米的小高畦地膜覆盖栽培。针对不同地区、不同作物、季节茬口的特点，应选择不同的地膜覆盖栽培方式，诸如沟畦地膜覆盖栽培、高畦沟植地膜覆盖栽培、高垄沟植地膜覆盖栽培、阳坡深穴地膜覆盖栽培、低畦近地面地膜覆盖栽培和高畦地膜小拱棚覆盖栽培等。这些覆盖方式，既有地膜覆盖的增温保墒、护根促根作用，又兼有小拱棚覆盖的保温防霜效应，使地膜覆盖栽培的早熟、高产和增收效果更为显著。

3. 注意事项　由于农膜品种繁多，用途也不尽相同，因此，在购买时应注意选择经济、对路的产品，并合理使用，以延长使用寿命，提高应用效果。

(1)使用棚膜的注意事项

①扣膜技术：PE三层复合耐候功能膜和PVC无滴耐候防尘膜有内外之分，应注意按照厂家规定的内外方向扣膜。扣膜作业应选在晴天无风的中午。扣膜时，应拉平、绷紧、压牢，以免产生褶皱影响流滴效果。纵向骨架材料不能与膜接触，应采用专用塑料压膜线。另外，耐候功能膜有效使用期长，不宜采用上下竹竿加铁丝穿透薄膜的方法绑扎固定，而应采用压膜线固定。

②裂口：在薄膜使用过程中出现裂口时应及时修补，以免遭受风害。耐候功能膜在使用过程中应注意擦洗。为保护薄膜，有雨水兜存或积雪时要及时清除。

③棚室结构的设计：防雾滴膜必须在有一定角度且没有障碍物的情况下，露珠才能沿膜面顺利流下，而不滴在作物上。因此，应合理加大棚室和日光温室的高跨比，适当缩小拱杆间距，并使拉索与膜保持一定的距离，以保证流滴通畅。

④骨架材料的表面处理：要对棚室骨架表面进行光滑处理。对钢骨架要进行防锈处理。

⑤施药技术：使用含硫、铁元素的农药时，应注意不要喷洒到膜面上，以免影响使用寿命。

⑥旧膜的处理：耐候功能膜连续覆盖 1 年后性能变差，宜从大棚、日光温室上撤下来，用于覆盖中小棚。覆盖一茬小棚后，一般还可以用于地面覆盖菠菜等越冬蔬菜。对不能继续使用的废旧薄膜，应集中交废品收购站或有关企业回收利用，防止出现白色污染。

(2)使用地膜的注意事项

①覆膜方式的选择：是先播种后覆膜，还是先覆膜后播种，应根据气候和经验水平而定。先覆膜后播种，可以避免放苗麻烦，农民容易掌握，但要注意播种孔不要太小。膜侧栽培的播种要紧贴膜边，保证种子与膜边距离不超过 5 厘米。

②地面的清理：垄作地区，覆膜前要清除垄面上的石碴和残枝，以免戳破地膜。覆膜时应将地膜紧贴地面，膜边培土压膜 7～10 厘米。风大的地方，垄面要每隔 2～3 米适当压土，并加大地膜两边压入土中的部分。高垄栽培时，应将薄膜压入垄沟底部，防止覆在垄腰部造成大风

揭膜。

③足墒覆膜：地膜覆盖保墒的前提，是在足墒条件下覆膜，否则地膜覆盖的保墒措施反而会造成缺墒。播种时，若土壤墒情不好，可坐水点播或提早灌水后播种；或者先播种，暂时不盖地膜，雨后抢墒覆盖。

④适时放苗：放苗时间要选择晴天，并且在近日内无大风降温天气出现。放苗方法要掌握开口大小合适，放苗后及时用土封口，稳固幼苗。

⑤防止草害：由于覆膜后不能中耕除草，因此只能靠覆膜前喷施除草剂灭草。如发现漏喷处长草或少数恶性杂草拱膜时，要及时铲土压在膜上，抑制其生长，待高温出现时杂草会自然死亡。千万不要揭膜拔草。

⑥废膜回收：田间废旧地膜应在作物收获后及时回收，以免影响下季作物的生长，同时减少白色污染。

(四)油　料

1. 油料的性能及使用　农业机械作业时，油料费用占整个成本的1/3。同时，油料的正确使用，可以延长机器的使用寿命，降低修理成本，对提高生产效率具有重要意义。

石油是以碳氢元素为主组成的化合物。各种石油产品是根据其组成的各种化合物沸点不相同提炼而成的。通过蒸馏方法，按照不同的温度范围，可提炼出汽油、柴油和润滑油等产品。

2. 农业机械中常用的几种油料

(1)汽油的主要性能指标　汽油是汽油机的主燃料，

其主要性能指标有辛烷值、馏程和饱和蒸气压等。

①辛烷值：是衡量汽油抗爆性能的指标。辛烷值越大，抗爆性能越好。为了提高汽油的辛烷值，可用铅作催化剂加入汽油中。

②馏程：指油料在规定温度下的沸点。在一定温度范围内，蒸发成分的百分比是评定油料蒸发性能的指标。如果油料的50%馏出温度低，说明这种油料蒸发性好；如果油料的90%馏出温度低，则重质馏分含量少，可减少燃烧时的积炭。

③饱和蒸气压：是测定汽油蒸发性能不可缺少的指标之一。通常蒸发性能大的汽油蒸发性较强，但过大则容易形成气阻，堵死进油管。因此，规定汽油的饱和蒸气压不得大于500毫米汞柱。

(2)柴油的主要性能指标　柴油是柴油机的主燃料，其主要性能指标有黏度、凝点、馏程、十六烷值和闪点等。

①黏度：是指在常温下柴油的稠稀程度和流动性的指标。黏度大，流动困难，雾化质量差，与空气混合不均匀，燃烧不完全，冒黑烟；黏度低，柱塞副、出油阀副等偶件密封不好，易渗漏，形不成油膜，零件易磨损。

②凝点：是表示油料失去流动性的温度。使柴油失去流动性而凝固时的温度，称为柴油的凝点。为了使发动机在低温时正常运转，要求柴油有较低的凝固点。我国规定以凝固点作为柴油的牌号。在我国目前农业机械中规定使用的柴油有0号、10号、20号、35号和农用20号等。它们的凝固点分别为0℃、−10℃、−20℃、−35℃

和 20℃,选用时应根据当地的气候条件而定。

③馏程:是测定柴油蒸发性能的指标之一,常以规定温度下馏出的容积百分数表示,或以馏出的容积百分数下的温度表示。对柴油来说,由于柴油混合燃烧时间很短,蒸发性不好就造成蒸发燃烧不完全,所以高速柴油机采用馏程低的轻柴油,低速柴油机则选用重柴油。

④十六烷值:是评定柴油在燃烧过程中抗爆性程度的重要指标。十六烷值愈高,自燃着火温度则越低,着火越容易。但十六烷值不能太高,当大于 65 时发动机就会因燃烧不充分而冒黑烟,使油耗增加。所以,柴油的十六烷值一般规定为 40～60。

⑤闪点:在规定条件下加热油料,油料的蒸气与空气相混合,当接触火焰后有闪光发生,这时油的温度称为闪点。闪点的高低表示油料在高温下的安定性好坏。

另外,柴油还有腐蚀性、积炭性和结胶性等。只有了解了柴油的性能指标,才能正确选用柴油的牌号。

(3)润滑油的主要性能指标　润滑油是用来减少机器中零部件表面磨损和摩擦发热的主要油料。现代润滑油还具备清洁、分散、抗氧化等功能。按用途不同可分为汽机油、柴机油和齿轮油。其主要性能指标有黏度、凝点、浮游性和腐蚀性等。

①黏度:表示油料流动的难易程度。它直接关系到润滑油的流动性及在两摩擦表面间所形成油膜的厚度。黏度大的润滑油不能流到间隙很小的配合体机件的摩擦表面,因而不能起到润滑作用。但是,它能承受较大压力

的负荷，不易从摩擦表面间挤出，而保持一定厚度的油膜。

②凝点：是表示油料失去流动性的温度。对润滑油来说，在天气寒冷时，油料凝结使润滑油性能显著变差，所以在低温下工作的机械应选用凝点低的润滑油。

③浮游性：是表示抑制生成胶膜和沉淀的指标。浮游性良好的润滑油，能使氧化物悬浮在油中，不沉积在金属零件的表面上，避免胶状薄膜的生成。

④腐蚀性：润滑油中的酸、碱介质和机油氧化产生的有机酸，都会对金属表面产生化学作用，这种能引起金属成分和性质改变的作用，称为腐蚀性。

汽机油的牌号是按100℃运动黏度分类的。它有6号、8号、10号、15号低凝汽机油几种。其牌号越高黏度越大。

柴机油按100℃运动黏度分为8号、11号、14号、16号、20号机油，11号稠化油和14号稠化油几种，牌号越高则黏度越大。柴机油的选用取决于柴油机曲轴轴瓦的合金材料，如果是巴氏合金（锡青铜合金）可用汽机油，如果是铅青铜合金、镉镍合金，则应使用柴机油。

齿轮油根据用途分为齿轮油和双曲线齿轮油两类。按100℃运动黏度将齿轮油分为20号、30号和通用齿轮油；双曲线齿轮油分为22号和28号2种。因生产工艺的不同另有一种合成13号双曲线齿轮油。

各种牌号的双曲线齿轮油均加有抗磨添加剂，具有良好的抗磨性能。不能用没有添加剂的齿轮油代替。

3. 润滑脂　俗称黄油。它由润滑油和稠化剂制成。润滑脂根据所加入稠化剂的不同，分为钙基润滑脂、钠基润滑脂和钙钠基润滑脂 3 种。

润滑脂在常温下呈油膏状，耐压性强，缓冲性也好，不易流失。密封性和黏温性好，适用于润滑密封困难、负荷重、温度高、较长时间不用更换的润滑部位。使用时必须了解润滑脂的针入度、滴点、胶体安全性等指标。润滑脂的针入度，表示润滑脂稠度的大小。牌号越高，针入度越小；稠度越大，脂质越硬。

我国目前生产的钙基润滑脂有 5 个牌号：ZG-1、ZG-2、ZG-3、ZG-4、ZG-5。“Z”表示“脂”，“G”表示“钙”，1、2、3、4、5 为针入度的系列号。

我国目前生产的钠基润滑脂有 ZN-1H、ZN-2H、ZN-3H 3 种牌号。“N”表示“钠”，其他同上所述。钙钠基润滑脂分 1 号和 2 号。

五、播种的重要意义和农艺技术要求

（一）播种的重要意义

播种是作物生产过程中最重要的一个环节，要求播后全苗是播种的最基本要求，必须达到。否则无法采用机械补种，即使可由人工补种，也因耽误了适时播种而造成减产，更何况不一定再有同一品种的种子用于补种，那就影响更大了。

播种也是作物一生能否长好、管好的基础，不能把播种作业孤立起来，只看成是为了出苗。播种的早晚、出苗的多少、苗期的壮弱，都影响着从种到收一系列的生长发育。播前施下的化肥、有机肥，播种时施下的种肥决定作物一生的生育，也决定着生长期追肥的安排。水浇地灌排渠系的布局和修整，土地平整程度，不但影响播种深度的一致性，也影响作物生长期间灌水的质量。播种时耕层土壤环境是否妥和，决定土壤水、气、热的协调和根系的生育状况。总之，作物的生育状况，以及播后一系列管理，都与播种作业有密切关系。如果播种期不能为以后的作物生育打下基础，则生长期中采取任何补救措施都是不能弥补的。

(二)播种的农艺技术要求

播后苗全、苗齐、苗匀、苗壮是作物增产的基础。因此，播种作业必须做到以下几点。

①适时播种，按时播完，不误农时。

②播种量和施肥量符合规定要求，达到行内均匀，行间一致。

③行距符合要求，播行直、邻接行正确。

④播深符合要求，深浅一致。种子与湿土密接，覆盖良好。

⑤地头整齐，无重播漏播；地边与四角都播到，不留边丢角。

⑥尽可能采用播种、施肥、施除草剂以及平畦筑埂等联合作业。

思考题

1.学习驾驶员应具备哪些条件?

2.农业机械驾驶员的取证考试有哪些内容和规定?

3.选购农业机械应注意哪些方面?

4.为什么农业机械的保养要遵循“防重于治,养重于修”的原则?

5.农药的安全使用应注意哪些方面?

6.分别说明汽油、柴油、润滑油和润滑脂最主要的一个性能指标。

7.播种的农艺技术要求是什么?

8.播种在作物生产中有何重要意义。

第三章　播种机的种类和构造

播种机的种类很多，按所播作物的不同可分为谷物播种机、中耕作物播种机、棉花播种机、蔬菜播种机等；按播种方式的不同可分为条播机、精量播种机等；按耕作方式的不同可分为耕翻播种机和免耕播种机等；按与拖拉机连接方式的不同可分为牵引式播种机、悬挂式播种机等类型。

一、条播机的构造和工作过程

条播机适于播种麦类、谷子和高粱等谷类作物。一般由排种器、开沟器、输种管、覆土器或镇压轮等工作部件，以及机架、种子箱、种肥箱、传动装置、调节机构、起落（升降）机构、行走轮和划行器等辅助部件所组成（图 3-1）。

工作时，排种器将种子箱内的种子均匀排出，经输种管落入开沟器所开的沟内，再由覆土器进行覆土和镇压轮适当压实。现将条播机的主要工作部件——排种器、开沟器、输种管、覆土器和镇压轮等分述如下：

（一）排 种 器

条播机上常用的排种器类型有外槽轮式、磨盘式、梳齿棘轮式等，现分述如下：

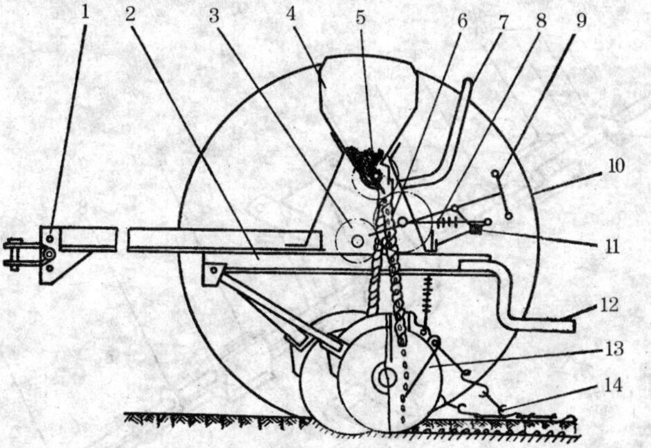

图 3-1　条播机工作过程

1. 牵引装置　2. 机架　3. 传动机构　4. 种子箱　5. 排种器　6. 输种管　7. 起落手柄　8. 传动离合器　9. 深浅调节手柄　10. 地轮　11. 起落方轴　12. 脚踏板　13. 开沟器　14. 覆土器

1. 外槽轮式排种器　外槽轮式排种器主要适用于条播小粒种子如麦类和谷子，也可条播玉米和大豆等大粒种子，因其通用性好，被广泛应用于各种类型的条播机。

外槽轮式排种器主要由外槽轮、阻塞轮、排种盒、排种轴和排种舌等组成(图 3-2)。

外槽轮为一圆周制出若干轴向凹槽的柱形。常量条播机上外槽轮式排种器的凹槽数量为 10～12 个，精少量条播机上外槽轮式排种器的凹槽数量为 16 个。外槽轮其右端紧靠着阻塞轮，利用销钉安装在排种轴上，横置于排种盒内，借左、右卡箍定位在排种轴上，可随轴转动进行排种。同时，左右移动可改变其工作长度(外槽轮位于排种盒内的长度)，从而调整排种量。工作长度愈长，排

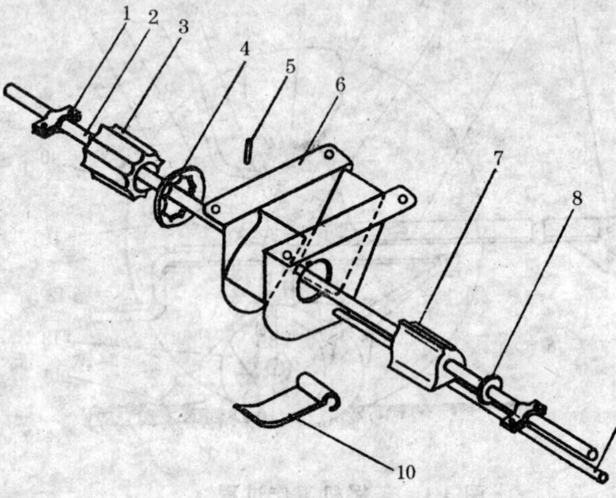

图 3-2 外槽轮式排种器的构造

1. 卡箍 2. 排种轴 3. 外槽轮 4. 内齿挡盘 5. 销钉
6. 排种盒 7. 阻塞轮 8. 垫圈 9. 倒空轴 10. 排种舌

种量越大；反之，则排种量越小。阻塞轮活动地套在排种轴上，排种轴转动时，外有两个凸齿，凸齿插入排种盒侧壁的切槽内，可与外槽轮一起随排种轴作轴向移动，但阻塞轮不随轴转动，用以堵塞外槽轮自排种盒内移出后所空出的位置。

排种盒安装在种子箱底漏种口的下方。左壁设有内齿挡盘，与外槽轮一起转动，用以防止种子侧向外溢。其下方装有排种舌，排种舌与外槽轮间留有间隙，称为排种间隙（图 3-3）。其大小可以调整，一般有大、中、小三个位置，以适应种子粒型的大小。有的条播机的排种间隙既可通过调节手柄作整体调节，也可改变其在倒空轴上的安装角度，进行个别调整，使各个排种器的排种间隙保持一致。工作时，随着外槽轮的转动，凹槽逐次充满种子，并强制将种子由排种口排出。

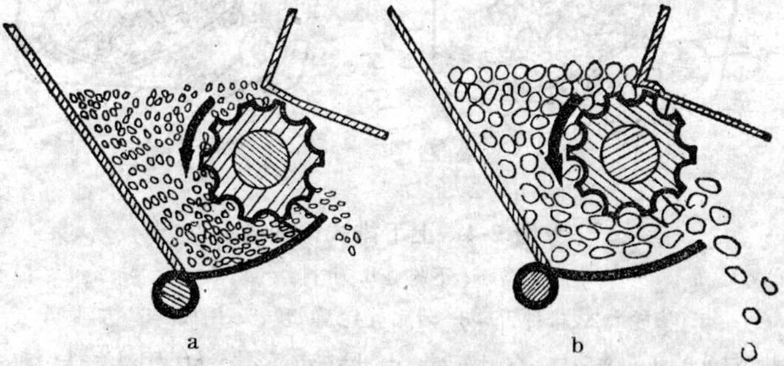

图 3-3　排种间隙

a. 排小粒种子　b. 排大粒种子

常用的外槽轮式排种器有下排式和上下排式 2 种。下排式排种器，种子只能从槽轮下面排出。排种舌靠近排种口处制成斜边，用以克服外槽轮排种的不均匀性。清种时，可将排种舌全部打开。上下排式排种器工作时，种子既能从槽轮的下面排出，又可以从槽轮的上部排出。下排用于中小粒种子，上排用于大粒种子。上排时槽轮转动方向与下排时相反，种子自上排种口排出(图 3-4)。

下排式排种器排种均匀稳定，当转速为 9～60 转/分时，每转的排种量基本不变。可通过改变其外槽轮工作长度和槽轮转速调节排种量，调节方法简便而且调节范围较大，为当前谷物条播机最常采用的排种器。但若转速过高，排种间隙又小时，则容易挤碎种子。

为了扩大外槽轮排种器的通用性，可将槽轮直径缩

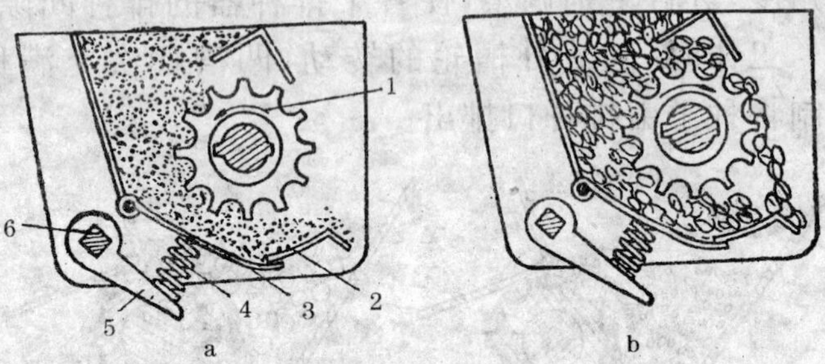

图 3-4　上下排式排种器

a. 下排　b. 上排

1. 槽轮　2. 排种舌　3. 活底　4. 弹簧　5. 托板　6. 方轴

小，槽深减小，适于条播中小粒种子。如果增大槽轮直径，加大槽深和槽宽，则适合条播大粒种子。

2. 磨盘式排种器　磨盘式排种器（图 3-5）用以条播小麦、高粱和谷子等作物。

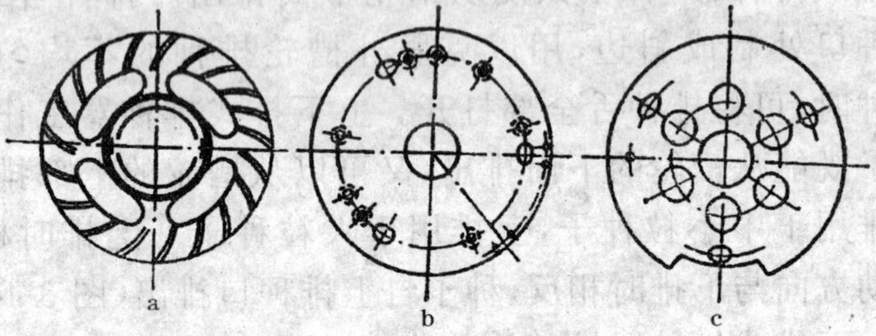

图 3-5　磨盘式排种器

a. 磨盘　b. 调节盘　c. 隔盘

隔盘安装在排种器底座上，其盘面周向均布 3 个长圆孔。调节盘位于隔盘上面，盘面周向有 3 个和 5 个不同直径的圆孔用于播高粱或谷子，另有 3 个均布的长圆孔用于播小麦。左、右转动调节盘则可改变播种作物的种类。播种小麦时，调节手柄位于指示牌正中，播种量最大，向左、右移动，播量则逐渐减小。高粱和谷子的播量大小，则靠改变传动比进行调节。排种盘在磨盘内缘开有 4 个弧形漏孔，磨盘底面外缘制有与石磨相似的磨纹，磨盘与调节盘之间有一定间隙。

工作时，磨盘随心轴转动，种子则由喂入区进入排种区。位于磨纹槽内的种子，由于磨纹的推送作用强制向磨盘的外缘方向移动，而磨纹下面的种子，则因种子相互之间的摩擦作用也逐步向外移出，在移动过程中部分种子相继由排种口排出，未及排出的种子则经返种区又返回排种盘上，重新进入喂入区（图 3-6）。

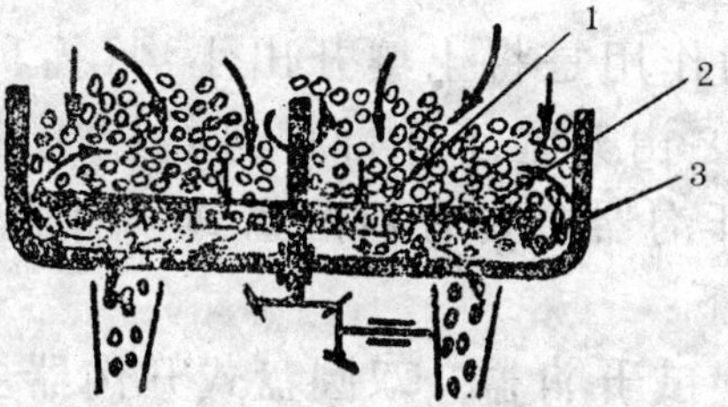

图 3-6　磨盘式排种器的排种过程

1. 喂入区　2. 排种区　3. 返种区

磨盘式排种器的磨盘与调节盘之间的距离称为排种间隙，排种间隙对排种量的影响很敏感。因此，一定要保持各行排种器的排种间隙大小一致，否则容易造成各行播量不一致。

3. 梳齿棘轮式排种器　这种排种器专用于条播经过

拌灰处理的带绒棉籽，若与成穴盘相配合也可进行穴播。

梳齿棘轮式排种器由周缘呈梳齿状的搅拌盘和棘轮组成，搅拌盘安装在种子筒底部，随种子筒中央的心轴一起转动，心轴由传动轴驱动，在传动轴后端装上棘轮（匀籽轮），并在排种口处装上棉花播量调节板，即成梳齿棘轮式排种器。

工作时，搅拌盘随心轴旋转，以其周缘梳齿搅动种子筒内的种子，防止架空，并连续将种子拨送至排种口处，再由垂直转动的棘轮抓取种子强制排出，投入种沟内。

播种量的大小可通过播量调节板改变排种口的大小进行。

(二)开 沟 器

开沟器的作用是将土壤开出小沟（播种沟），使种子落入沟内，随之由其他工作部件进行覆土或镇压。条播机上常用的开沟器主要有双圆盘式、单圆盘式和锄铲式等，现分述如下：

1. 双圆盘式开沟器 双圆盘式开沟器主要由开沟器体、平面圆盘、内锥体、外锥体、开沟器轴、拉杆以及导种板等组成（图 3-7）。

开沟器体和内、外锥体套在开沟器轴上用螺母紧固，圆盘毂置于内、外锥体形成的“V”形槽内可自由转动。内、外锥体间装有调整垫圈，当圆盘毂和内、外锥体磨损后，减少垫圈可调整其配合间隙。开沟器轴两端的螺纹一为正螺纹，一为反螺纹，可防止螺母松脱。开沟器体安装有导种管，种子、肥料由此经导种板落入沟内。导种板

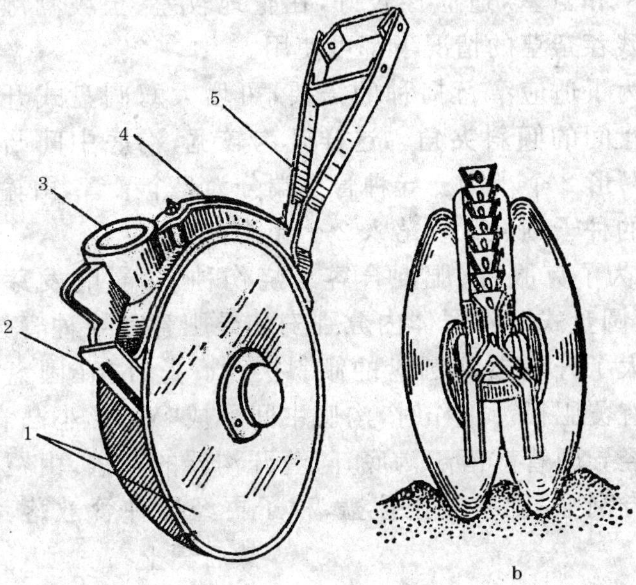

图 3-7 双圆盘式开沟器

a. 普通双圆盘式开沟器 b. 窄行双圆盘式开沟器

1. 平面圆盘 2. 导种板 3. 导种管 4. 开沟器体 5. 拉杆

位于导种管后下方，具有均匀散种、加宽苗幅和刮除圆盘内盘面粘土的作用。左、右圆盘自前至后呈夹角倾斜安装。开沟器前端由拉杆安装在开沟器梁上，后端通过吊杆与升降臂相连，吊杆上装有压缩弹簧，借以增加圆盘入土能力，可通过改变弹簧压力调整开沟深度。

工作时，圆盘滚动前进，切开土壤并向两侧推挤形成种沟。种子在两圆盘间经导种板散落于沟中，圆盘过后沟壁塌落而覆盖，可使种子均匀落于湿土上。双圆盘式开沟器由于圆盘滚动和用导种板刮除粘上的土，所以不易挂草和阻塞，适应性较好，在整地较差、土壤潮湿或地面有残茬杂草的情况下都可使用。

为了适应窄行播种的需要，可增大双圆盘式开沟器两圆盘间的倾斜夹角。这样开沟较宽，沟底中间凸起形成“W”形 2 个小沟。导种管下端分为 2 个叉管，由输种管下来的种子则经叉管落入 2 个小沟内。

为了克服种、肥混合容易烧伤种子，影响发芽的缺点，双圆盘式开沟器体内分别安装导肥管和导种管，同时也加大了开沟器两圆盘的倾斜夹角。此外，在圆盘间另安装有覆肥板。工作时，沟底中间形成“W”形小凸脊，肥料先经导肥管散落于沟底，随着开沟器的前进，由覆肥板将凸脊刮平，肥料被土覆盖，种子再经导种管散落其上，然后覆土。

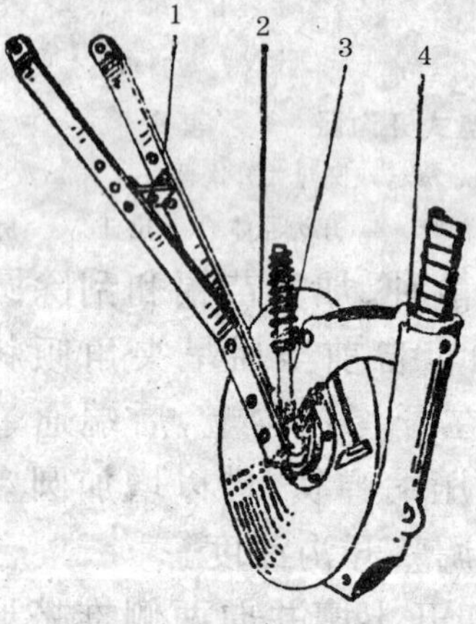

图 3-8 单圆盘式开沟器

1. 拉杆 2. 球面圆盘
3. 压缩弹簧 4. 导种管

每个双圆盘式开沟器安装有加压弹簧，用于改变开沟深度。增大弹簧压力，使开沟深度增大；反之，减小弹簧压力，开沟深度也就随之变浅。

2. 单圆盘式开沟器

单圆盘式开沟器主要由一个球面圆盘、开沟器轴、拉杆、导种管、压缩弹簧及刮土板等构成。圆盘凹面偏向机器前进方向,导种管和刮土板安装在圆盘凸面一侧(图 3-8)。

工作时,圆盘滚动前进,依靠自重和弹簧压力切开土壤,切下的土壤沿凹面升起到一定高度抛向一侧,其中一部分土壤沿圆盘下滑落入种沟内覆盖种子。单圆盘式开沟器最大的优点是构造简单,重量轻。

3. 锄铲式开沟器 锄铲式开沟器主要由开沟器体、开沟铲、拉杆、压缩弹簧和导种板等组成(图 3-9)。

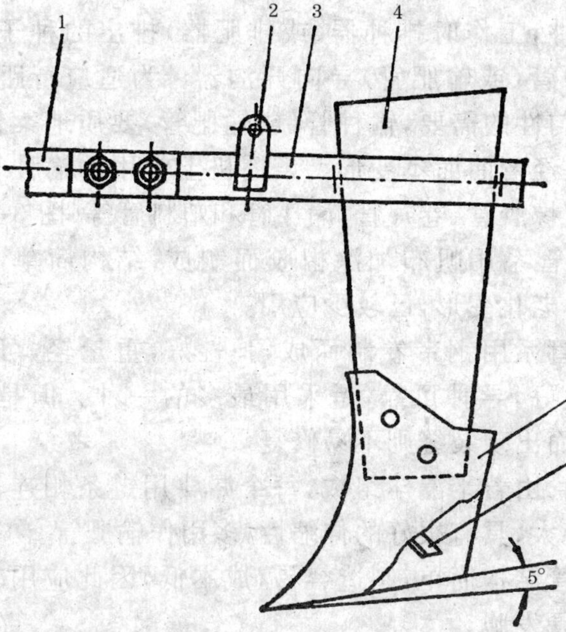

图 3-9 锄铲式开沟器

1. 拉杆 2. 压杆座 3. 夹板 4. 开沟器体 5. 开沟铲 6. 导种板

锄铲式开沟器增加开沟深度的调节，可通过减小开沟铲的入土角或增大弹簧压力（若无弹簧也可增加配重），以增大开沟深度；反之，则使开沟深度减小。

锄铲式开沟器最大的优点是重量轻，结构简单，入土性能好，但容易挂草和壅土，作业速度高时造成开沟深度不稳定。

（三）输 种 管

输种管（或输肥管）是排种器（或排肥器）和开沟器之间的连接件，工作时排种器（或排肥器）排出的种子或肥料，经输种管（或输肥管）导向开沟器。为适应行距调整和播种均匀性的需要，输种管（或输肥管）要质地柔韧，管形稳定，虽经弯曲而不变形。条播机上常用的输种管（或输肥管）有橡胶管、卷片管、漏斗管和塑料管等（图 3-10）。

橡胶管系用帆布加涂橡胶而制成，结构简单，弹性好，但容易老化变形，已较少应用。

卷片管系用钢带卷制而成，弹性好，重量轻，可以伸缩，弯曲性好，导种可靠，是采用最多的一种。但是若因过度拉伸而出现裂缝则不易修复。

漏斗管由若干漏斗组成，每个漏斗用链条相连，结构复杂，重量大，具有很好的伸缩性，多用作输肥管。

塑料管结构简单，制造容易，成本低，因此应用较广，但容易变硬发脆。

（四）覆 土 器

开沟器虽能起到一定的覆土作用，但难以达到种子

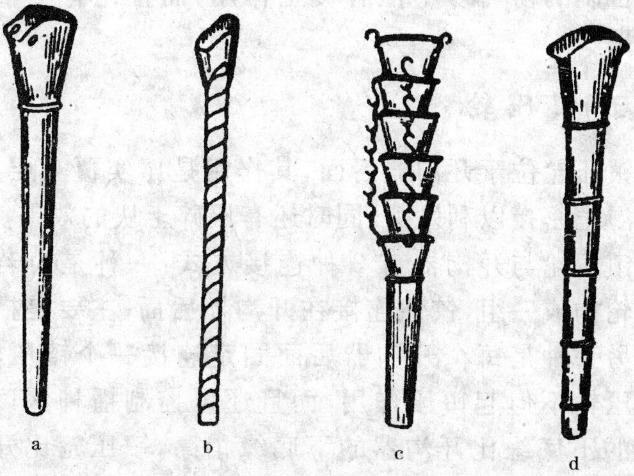

图 3-10　输种管(或输肥管)

a. 橡胶管　b. 卷片管　c. 漏斗管　d. 塑料管

覆土严密、厚度一致的要求。因此，在开沟器后面一般安装有覆土器。

条播机上常用的覆土器有覆土链、网状棍式覆土器、拖板式覆土器以及自制的耢(盖)等。

覆土链由纵向链环和横向链环两部分组成。纵向链环的前端连接在开沟器上，左右侧则连接在条播机脚踏板支架上。纵向链环的后端与横向链环相连。工作时纵向链环位于种沟内，可把湿土覆盖在种子上，再由横向链环将沟边上的土壤覆盖住种沟。

网状棍式覆土器，由若干条横向覆土杆组成，每条覆土杆之间又有若干条纵向链条连接而成网状。网状棍式覆土器由纵向链条分别挂接在条播机机架和脚踏板上。

自制的耢(盖)不但有覆土作用,而且还有平整地面的效果。

(五)镇压轮

镇压轮位于开沟器后面,其作用是压实覆土层,使种子和湿土密接以利发芽,同时还有压碎土块的效果。

镇压轮与开沟器有2种连接方式:一种是由若干个镇压轮构成一组,铰性连接在开沟器后面,主要是播后镇压。另一种是每个开沟器后面固定连接一个镇压轮,这种镇压轮不但起镇压作用,而且还可控制播种深度。镇压轮的下底缘比开沟器的下底缘稍高,镇压轮比开沟器高出的高度就是播种深度。提高或降低镇压轮在开沟器上的安装高度可以调节播种深度。

条播机上常用镇压轮的种类有平面轮、凸面轮、凹面轮和凸面圆柱轮等(图3-11)。

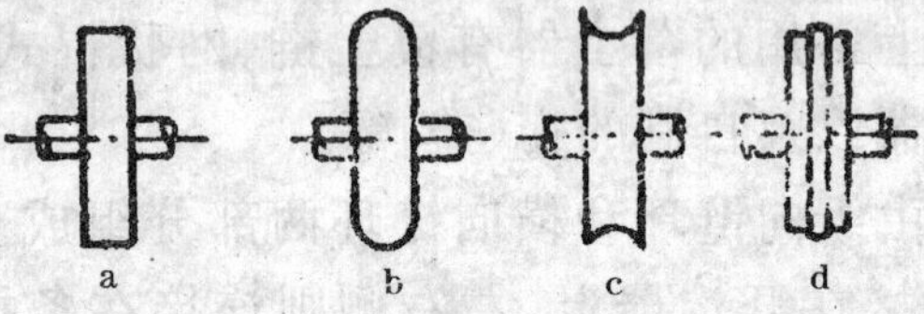

图3-11 镇压轮的种类

a. 平面轮 b. 凸面轮 c. 凹面轮 d. 凸面圆柱轮

平面轮结构简单,压力分布均匀,使用较广。

凸面轮镇压时,能使种子与沟底的湿土密接,可防止透风,有利于蓄水保墒,适于干旱多风地区使用。凹面轮工作时,轮缘可使土壤从两侧向种子压实,而种子上方土层却较疏松，有利于种子发芽出土，适于在土壤湿度较大的情况下使用。

镇压轮一般为金属制成，也有在金属轮缘外面安装不充气的橡胶套，称为零压镇压轮，利用其在镇压过程中会产生弹性变形的特点，起到自行脱土的作用，防止轮面粘土影响镇压质量。

(六)划行器

划行器用以指示拖拉机下一行程的行走位置，保证邻接行（播种机相邻两个行程的邻接播行）的行距准确，防止重播或漏播。划行器安装在播种机的一侧或两侧，视机组田间行走方法而定。

划行器由固定在播种机脚踏板上的脚架、销连在脚架上的固定臂、可调臂、划行球面圆盘、立杆、牵引臂、牵引钢丝绳，以及换向装置的钢丝绳滑轮组合与操纵手柄等构成（图 3-12）。

划行圆盘随播种机滚动行进，划出一条浅沟，作为下一行程拖拉机行走位置的标记。改变可调臂与固定臂的相对位置，可以调节划行器的臂长，使之与播幅宽度相适应。为防止划行器臂过长而发生变形，在播种机机架前梁安装有牵引臂，利用钢丝绳与划行器相连接。

悬挂式播种机上的划行器设有换向装置，利用液压机构使播种机起落时也使划行器升起或落下。

二、精量播种机的构造和工作过程

精量播种机又称点播机，适于播种玉米、大豆和棉花

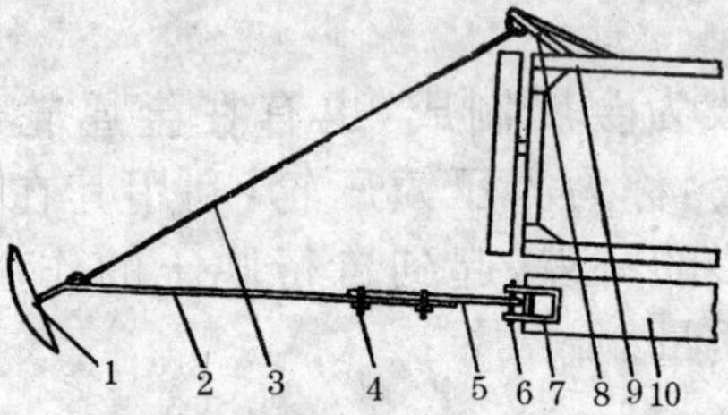

图 3-12　划 行 器

1. 划行圆盘　2. 可调臂　3. 钢丝绳　4. U 形螺栓　5. 固定臂
6. 轴销　7. 脚架　8. 牵引臂　9. 播种机架前梁　10. 脚踏板

等作物。这种点播机播种后的粒距、播种深度和行距都能达到均匀一致,故称为精量播种机。精量播种机主要由排种器、开沟器、覆土器和镇压轮等工作部件,以及主梁、种子箱、种肥箱、传动装置、调节机构、地轮和划行器等辅助部件所组成(图 3-13)。

工作时,排种器将种子箱内的种子均匀排出,直接落入开沟器所开的沟内,再由覆土器进行覆土和镇压轮适当压实。现将点播机的主要工作部件——排种器、开沟器、输种管、覆土器和镇压轮等分述如下:

(一)排 种 器

精量播种机上常用的排种器类型有型孔轮式、水平圆盘式、气力式等,现分述如下:

1. 型孔轮式排种器　或称窝眼轮式排种器,可以穴播或条播玉米、豆类、高粱和花生等中耕作物,也可用以单粒

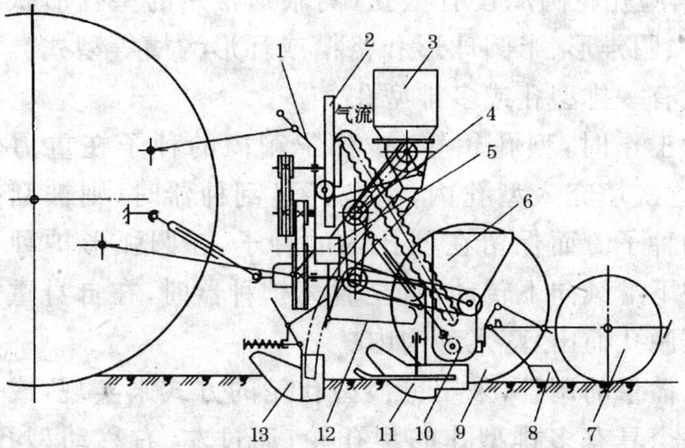

图 3-13　气吸式精量播种机

1. 悬挂装置　2. 风机　3. 肥料箱　4. 传动装置　5. 主梁　6. 种子箱　7. 镇压轮　8. 覆土器　9. 地轮　10. 排种器　11. 滑刀式开沟器　12. 四杆仿形机构　13. 施肥开沟器

播种。主要由型孔轮、刮种器和护种器构成(图 3-14)。

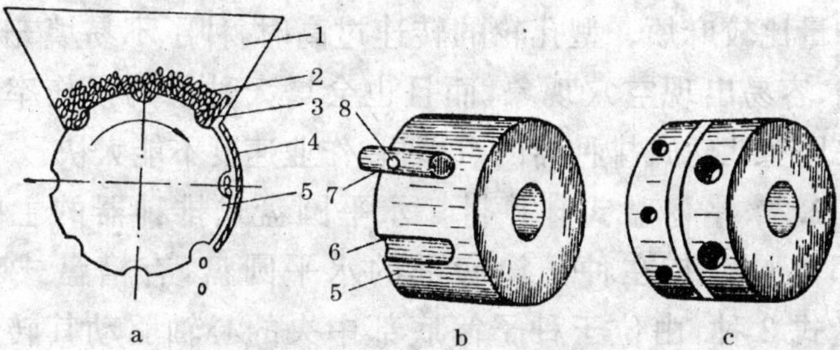

图 3-14　型孔轮式排种器

a. 基本构造和工作原理　b. 可调式型孔轮　c. 多排式型孔轮

1. 种子箱　2. 种子　3. 刮种器　4. 护种器　5. 型孔轮　6. 凹槽　7. 滑块　8. 调节螺钉

型孔轮圆周设有型孔(窝眼),常用的型孔形状有圆柱形、圆锥形、半圆球形和格槽或环形沟槽等型式。型孔轮上有一排型孔或多排型孔。

工作时,型孔轮转动,种子箱内的种子在重力作用下,逐次填充入型孔内,型孔经过刮种器时,则被刮去多余的种子。而保留在型孔内的种子,在圆弧形护种器的托护下继续向下转动,直至脱离护种器时,在自身重力作用下脱孔而出,落入种沟内。

播量的调整,采用更换型孔轮的方式来实现,或是利用一个具有多排型孔的型孔轮,通过左、右移动型孔轮,使所需要的型孔处于工作位置,不用的型孔用盖板盖住。有的型孔轮的型孔为一长槽,内装一滑块,沿槽左右调节滑块位置,则可改变型孔大小,控制每穴投种粒数。也可利用滑块堵塞一部分长槽,达到调节穴距的目的。

型孔轮式排种器构造简单,通用性和成穴性好,但调节播种量比较麻烦。型孔轮的转速过高时,种子不易填充到型孔内,容易出现空穴现象,而且也会增大种子的损伤率。因此采用型孔轮式排种器的点播机,作业速度不能太快。

2. 水平圆盘式排种器 水平圆盘式排种器的主要工作部件是安装在种子筒底部的水平圆盘,有槽盘式和型孔盘式 2 种,由位于种子筒底部中央的心轴驱动其转动。

工作时,动力由传动轴通过大、小锥形齿轮使心轴转动,排种盘也随之转动,种子在重力作用下填充于槽孔中,刮种器将型孔外多余的种子刮去,在排种口处种子被击种轮推击而落入种沟内。播种机出厂时都提供有多个不同规格的排种盘，以适应播种不同作物的需要。

3. 气力式排种器　气力式排种器分气吸式和气压式2种。

(1)气吸式排种器　应用气吸原理排种。播种机上安装有风机，向每个气吸式排种器吸气，把种子吸附在排种盘的吸种孔上，气吸式排种器可以完成精量单粒播种。

气吸式排种器主要由种子室、吸气室、排种盘、搅拌轮、种子室、种子高度调节板和刮种器等组成(图3-15)。

排种盘是一个金属圆盘片，盘上均匀分布着冲压而成的吸种孔。排种盘垂直安装，一侧为马蹄形吸气室，通过吸气管与风机的吸气口相连；另一侧为种子室，与种子箱相连。风机由拖拉机动力输出轴经皮带轮驱动。排种盘由播种机的地轮经链条、方轴、联轴节、锥形齿轮等驱动。搅拌轮用来防止种子室内的种子架空，种子室种子高度调节板用来控制种子室内的种子量。

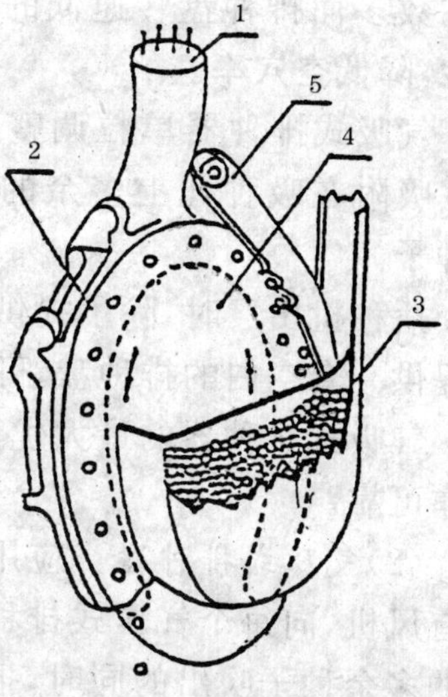

图3-15　气吸式排种器

1. 吸气室　2. 吸气道　3. 种子室　4. 排种盘　5. 刮种器

工作时，排种盘旋转，风机使吸气室内形成负压，从而使覆盖于马蹄形吸气室范围内的吸种孔都为负压。当排种盘的吸种孔通过处于吸气室始端的种子室时，在两侧压力差的作用下，将种子吸附在吸种孔上。随着排种盘的转动，刮种器刮去吸种孔上多余的种子，只带着1粒种子转到开沟器的上方，当吸种孔离开吸气道的末端后，负压消失，种子靠自重落入开沟器开出的种沟内。

气吸式排种器的粒距大小是由排种盘的吸种孔数及其转速两者决定的，可有多种配合，使用时应尽量选用吸种孔数多而排种盘转速低的配合，有利于提高吸种的可靠性，降低空穴率。

气吸式排种器单粒调整是通过调整刮种器的位置，刮去吸附在吸种孔上多余的种子，使每个吸孔只吸附1粒种子。

播种机出厂时，除了提供多个不同规格的排种盘外，还提供一套空白的排种盘，可以加工所需的吸种孔直径。

气吸式排种器的最大优点是不损伤种子，排种均匀，工作可靠。

(2)气压式排种器　应用吹气原理排种，播种机上安装有风机，向每个气压式排种器吹气，把落入型孔轮型孔内的多余种子吹出的同时，把1粒种子吹压在型孔底部。气压式排种器可以完成精量单粒播种。

气压式排种器主要由种子箱、种子通道、开沟器、外壳、型孔、型孔轮和吹气喷嘴等组成(图3-16)。

工作时，型孔轮转动，种子经种子通道因重力作用落入型孔内。吹气喷嘴吹出气流，将型孔中多余的种子吹

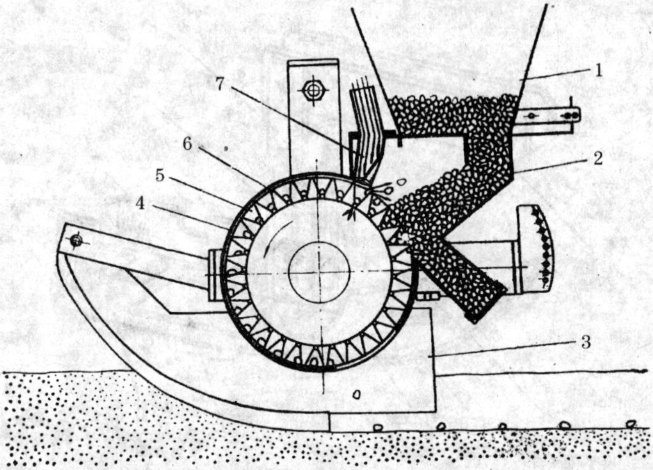

图 3-16 气压式排种器

1. 种子箱 2. 种子通道 3. 开沟器
4. 外壳 5. 型孔 6. 型孔轮 7. 吹气喷嘴

出，只剩下1粒种子被气流压在型孔底部，该单粒种子被型孔轮带至下部，靠自重排至开沟器开好的沟内。

(二)开 沟 器

精量播种机上常用的开沟器类型有滑刀式、双圆盘式等，现分述如下：

1. 滑刀式开沟器 在点播机上应用最为广泛。主要由滑刀、侧板、开沟器体、拉杆、推土板、底托、限深板以及限深板调节齿座等构成(图 3-17)。

工作时，滑刀式开沟器以钝角入土，主要靠自重和弹簧压力切入土壤，并利用两个侧板向两侧推挤而成沟，种子由两侧板中间落入沟底，湿土则从侧板后下角缺口部

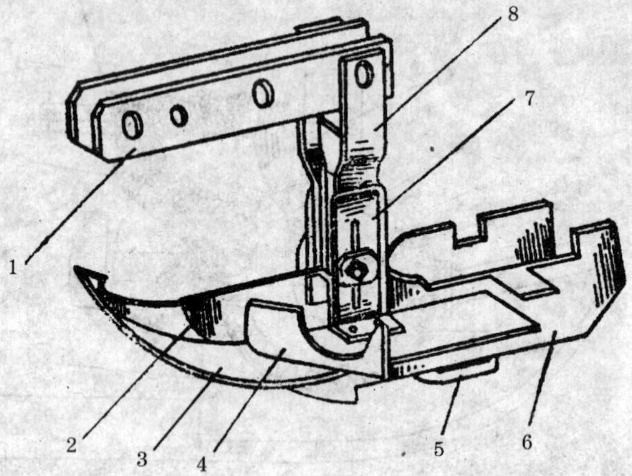

图 3-17 滑刀式开沟器

1. 拉杆 2. 滑刀 3. 限深板 4. 推土板

5. 底托 6. 侧板 7. 调节齿座 8. 开沟器体

分落入沟内将种子覆盖。

底托可将沟底压实，使种子得到较多的水分，也有利于播种直线性的形成。

播种深度的调整是通过调节限深板调节齿座，改变限深板的高低，以达到稳定的播种深度。

滑刀式开沟器开沟深度稳定，开出的种沟较窄，而且投种高度小（排种器直接安装在开沟器上），投种位置比较准确，不乱土层，可保证种子和湿土接触，有利于种子的发芽及出苗。其主要缺点是入土性能较差，适于整地良好的土壤使用。

2. 双圆盘式开沟器 主要用于条播机上，由于双圆盘式开沟器对地面条件的适应能力强，适合高速作业，所以在精量播种机上也开始采用，以提高播种速度。但与条播机上采用的双圆盘开沟器有所不同，精量播种机上的双圆盘开沟器内安装有曲线形导种管(图 3-18)，它引导种子沿曲线形导种管向下滑落。当种子离开导种管下端出口时产生向后的水平速度，与播种机前进速度相平衡，使种子达到零速落种，保证粒距的均匀性。

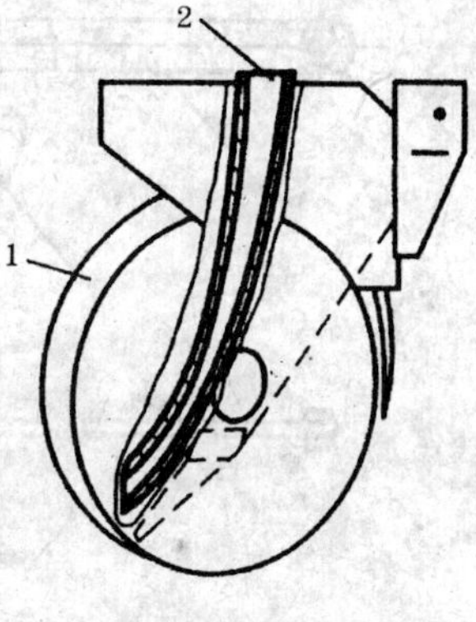

图 3-18 双圆盘式开沟器内的导种管

1. 圆盘 2. 导种管

(三)覆 土 器

精量播种机上的覆土器一般都采用“八”字形单体式覆土器，主要由 2 块与机器前进方向呈倒“八”字形的、左右对称安装的覆土板和覆土器架构成(图 3-19)。

覆土器架下端设有 2 个长孔，利用螺栓固定覆土板，沿孔的方向移动可以改变其固定位置，同时也改变了覆土板的开度，从而达到调节覆土厚度和保持垄形的目的。向前移动覆土板，覆土厚度增大；反之，则减小。覆土器支架上端通过棘齿调节盘与拉杆相连接，棘齿调节盘用于调节覆土板的前倾角。原垄播种时，为保持垄形，须使覆土板适当向前倾，可视情况而调整。平播时，则应将其保持在水平状态。为了防止覆土板跳动，保证覆土厚度

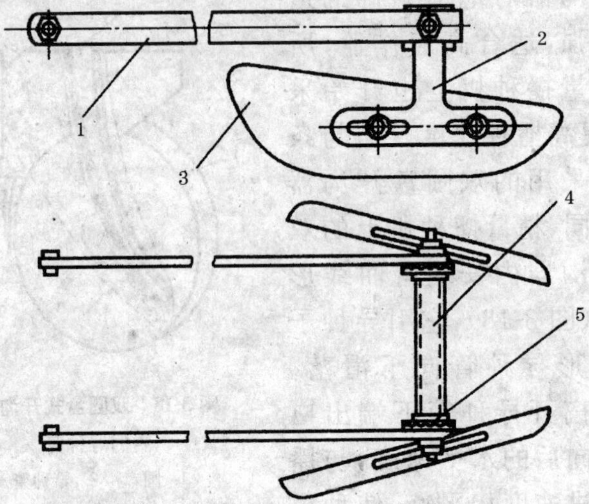

图 3-19 "八"字形单体式覆土器

1. 拉杆 2. 覆土器支架

3. 覆土板 4. 间管 5. 棘齿调节盘

稳定，通常利用压缩弹簧或配重加压，压力大小可根据土壤湿度和整地质量，通过酌情调整弹簧压力或增减配重进行。这种覆土器，覆土量大，覆土严密，覆土厚度均匀、稳定，可用于平作或垄作。

(四)镇 压 轮

镇压轮安装在开沟器的后面。精量播种机上的镇压轮一般都采用分离式镇压轮。这种镇压轮由一对倾斜而且对称安装的平面轮(或平行的锥形轮)组成，其中以凹面分离轮使用较广，而 V 形镇压轮同时具有覆土和镇压效果(图 3-20)。

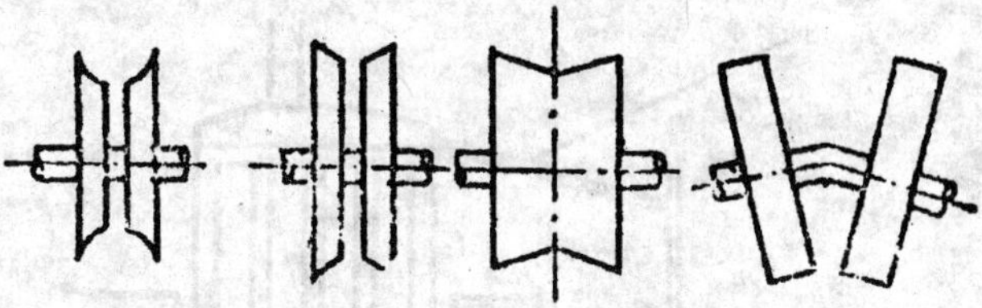

图 3-20　镇压轮的种类

a. 凹面分离轮　b. 圆锥分离轮　c. 圆锥凹面轮　d. V 形镇压轮

位于滑刀式开沟器后面的镇压轮共同安装在平行四连杆机构上，两者是铰接的关系，可以随地面起伏而平起平落，上下仿形，保持播种深度的稳定。镇压轮的压实程度可由压紧弹簧调整。

(五)划 行 器

参阅条播机的划行器。

免耕播种时，因土壤未经耕翻，所以较硬。划行圆盘不易划出浅沟，可改用指印器(图 3-21)。

工作时，指印器指向上一播种行程的最边行行进，以保证邻接行的正确。

三、免耕播种机的构造和工作过程

免耕播种技术在我国已被日益广泛采用。免耕播种主要用于中耕作物，如玉米和大豆等，具有很好的增产和节能效果。

免耕播种机多为精量播种机，因此其总体构造基本上与耕翻地上使用的精量播种机类似，所不同的主要是

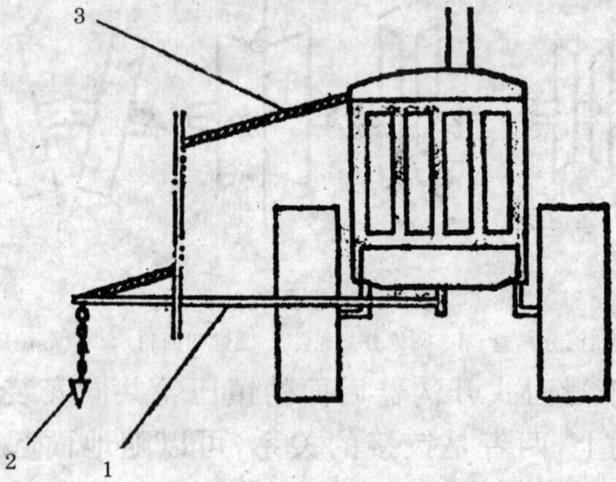

图 3-21 指 印 器

1. 支杆 2. 垂球 3. 钢丝绳

播种工作部件。

免耕播种机的播种工作部件主要由破茬松土器、双圆盘开沟器、导种管，覆土镇压轮和四杆仿形机构等组成(图 3-22)。

(一)破茬松土器

国外免耕播种机上多采用圆盘刀式破茬松土器。这种破茬松土器的工作原理为重力切茬。工作时必须有足够的重量，以保证圆盘刀能切断秸秆、切开地表，并达到一定的入土深度。因此，这种免耕播种机重量大，材质要求高，一般多为牵引式。其优点是不易被秸秆堵塞，通过性好。

圆盘刀式破茬松土器用于我国夏播作物免耕播种

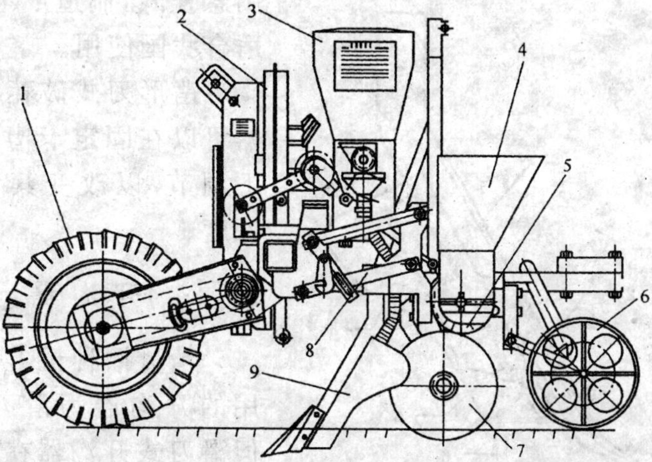

图 3-22　免耕播种机

1. 地轮　2. 风机　3. 肥料箱　4. 种子箱　5. 排种器　6. V形镇压轮
7. 双圆盘开沟器　8. 四杆仿形机构　9. 凿形刀式破茬松土器

时，因当季的麦秸韧性大，圆盘刀很难切断，常常是把秸秆压入土壤内，使种子播在秸秆上而影响发芽和出苗。

凿形刀式破茬松土器(图 3-23)由刀杆、刀头、分草板和导肥管等组成。凿形刀与地面呈锐角，刀头为耐磨合金钢冲压而成，磨损后可以更换。凿形刀的两侧为分草板，凿形刀的背面安装有导肥管。

凿形刀式破茬松土器安装在双圆盘开沟器的前面，其背面的导肥管通过输肥管与肥箱的排肥口相连接，可以在播种的同时深施种肥。导肥管出口处有防堵板防止被土堵塞。工作时，先在免耕地上开出种沟，同时把地面上的秸秆分向两侧，防止堵塞开沟器。凿形刀因其入土性能好，工作时不须要增加配重，因此整机重量小，可采

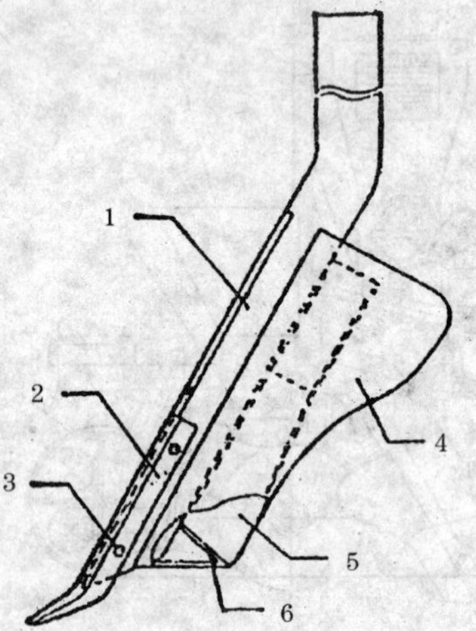

图 3-23 凿形刀式破茬松土器

1. 刀杆 2. 刀头 3. 弹性圆柱销 4. 分草板 5. 导肥管 6. 防堵板

用悬挂式，制造成本低，适合我国使用。

凿形刀式破茬松土器可以在固定卡槽内上下调节，以改变其工作深度。

(二)开 沟 器

精量播种机上常采用的开沟器为滑刀式，但滑刀式开沟器在有秸秆覆盖的地面上工作时容易挂草而引起拖堆和堵塞，为此免耕播种机一般采用双圆盘式开沟器。双圆盘式开沟器入土性好，工作时滚动前进，可以防止壅土堵塞，适于秸秆覆盖的免耕播种。

免耕精量播种机的双圆盘开沟器主要由双圆盘、开沟器柄和导种管组成(图 3-24)。

为了降低投种高度，提高投种位置的准确性，保证粒距的稳定一致，双圆盘式开沟器与排种器安装成一体，并在双圆盘式开沟器内安装有导种管(图 3-24)。

工作时，圆盘沿凿形刀式破茬松土器所疏松的土滚动前进，切开土壤向两侧推挤形成种沟。种子从排种器落下后，沿开沟器内的导种管滑道下落，当种子离开导种管末端时，产生和播种机前进方向相反、大小相近的水平

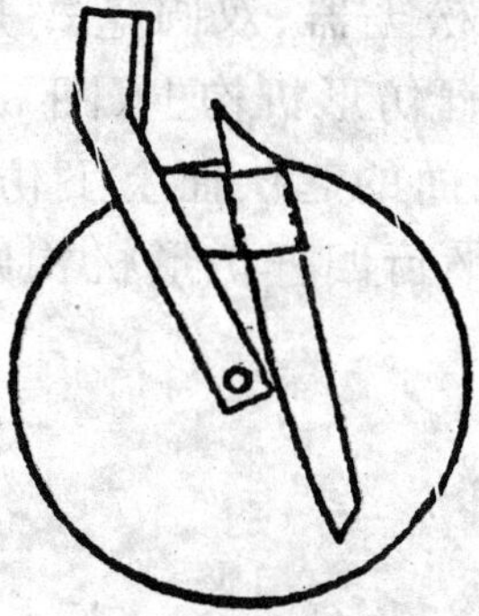

图 3-24　免耕播种机上的双圆盘开沟器

速度，达到零速投种目的，克服了因投种点提高后，种子落入种沟时产生弹跳和位移，保持了粒距的均匀度。圆盘过后，两侧沟壁土壤塌落覆盖种子。双圆盘式开沟器工作时滚动前进，不易挂草和堵塞，通过性能较好，适于秸秆覆盖条件下的免耕播种。双圆盘式开沟器的播种深度是通过调整其后面覆土镇压轮的高度来实现的。

(三)覆土镇压轮

免耕播种机上采用V形镇压轮(图 3-25)，安装在双圆盘式开沟器的后面。工作时，左右2个镇压轮向中间种子行上覆土并挤压，使种子与土壤密接，而种行正上方的土壤较为疏松有利于出苗。

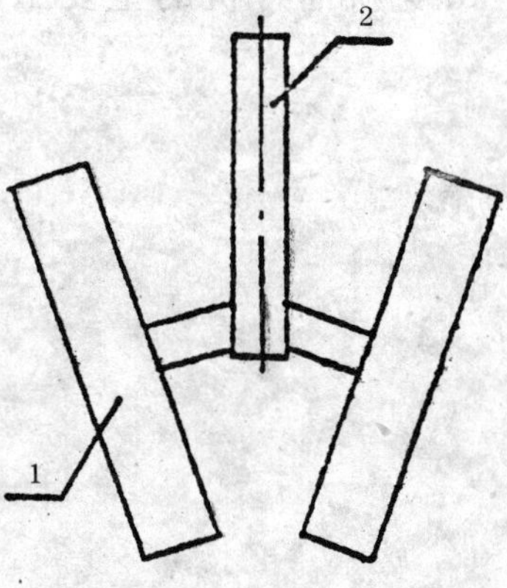

图 3-25　V形镇压轮

1. 镇压轮　2. 镇压轮柄

(四)平行四杆仿形机构

免耕播种机每一行

的播种工作部件即凿形刀式破茬松土器、双圆盘式开沟器和V形镇压轮都安装在平行四杆仿形机构上(图3-22-8),其作用是使播种工作部件随地面的起伏而上下仿形,以保持播种深度的一致性。每个平行四杆仿形机构则固定安装在免耕播种机的横梁上。

思考题

1. 说明条播机的工作过程。
2. 条播机的主要工作部件有哪些?各起什么作用?
3. 影响外槽轮式排种器排种量大小的因素有哪些?
4. 影响双圆盘式开沟器播种深度的因素有哪些?
5. 精量播种机的排种器有哪些类型?
6. 为什么播种时要安装划行器(指印器)?
7. 什么是免耕播种机?其主要优点是什么?
8. 免耕播种机的主要工作部件有哪些?

第四章　播种机的技术状态和正确调整

“工欲善其事，必先利其器。”这句话千真万确，对于播种机具也是一样。播种机良好的技术状态是保证播种质量的基础，如果技术状态达不到要求，那么在播种作业过程中再高的操作水平，再好的机具调整，也无法实现农艺要求的播种质量，还会降低工效，增加能耗。

播种机经过使用后，必然会磨损，甚至变形，其技术状态将逐渐变差。定期进行检查，给予适当的维修，使其保持良好技术状态，这对保证作业质量，提高作业效率是一项必不可少的工作。

农机作业的季节性很强，应在每个作业季节以前，一定要留出足够的时间，对播种机进行认真的检修和校正，务必使它们达到规定的良好技术状态标准。

对于所有机具良好技术状态标准总的要求是：部件完整不变形，各部螺丝要拧紧，润滑良好内外净，操作方便升降灵。

由于条播机和点播机的构造和排种方式不同，因此，两者的技术状态标准和调整方法也有所不同。现分述如下：

一、条 播 机

(一)技术状态标准

①机架不应弯曲或倾斜。安装开沟器的梁,其弯曲度不超过 10 毫米。

②行走轮不应摆动,摆动量不超过 10 毫米,传动可靠。

③种子箱、肥料箱无裂缝,且有盖。

④牵引式播种机的起落机构灵活好用。开沟器起落时,排种器的传动机构应能正确分离或接合。

⑤齿轮传动时,应全齿宽啮合,齿顶与齿根之间有合适的间隙;链轮传动时,钩形链的钩应朝外,链节的钩头与链条运动方向一致。链条紧度用手在链条中间下压时,下垂度不大于 15～20 毫米。

⑥排种器应完好,不应有变形和损坏。排种均匀,各行排种器的排种不均匀度不能大于 4%。检验各行排种器排种均匀度的方法如下:

第一步,把排种槽轮置于最大工作长度。

第二步,支起播种机,使行走轮能自由转动。在种子箱内加入一定量的种子,在各输种管下口用布袋或其他器物盛接。接合传动机构,转动行走轮 2～3 圈,使种子充满排种器,并倒净落入布袋中的种子,重新放回各输种管下口。

第三步,均匀转动行走轮若干圈,分别称出各排种器所排种子的重量，根据重量多少调整不符合要求的排种器。

第四步，继续试验，直至各排种器的排种均匀度符合要求为止。

⑦输种管应完好，输种畅通不外漏。

⑧开沟器的起落方轴不应有弯曲和扭曲，固定在方轴上的升降臂应在同一高度，用手向上拉动每个开沟器，应起落自如，无卡滞现象。

⑨开沟器按规定行距安装正确，各开沟器的间距应相等，偏差不超过 5 毫米。

⑩双圆盘式开沟器的圆盘不应有变形，并转动灵活而无晃动，两圆盘的接触间隙不大于 2～3 毫米。圆盘内的导种板安装位置不要妨碍圆盘转动。每个开沟器的吊杆弹簧应固定在相同位置。锄铲式开沟器应在同一高度，高低相差不超过 5 毫米。

⑪划行器、指印器、覆土器和镇压轮等应当完好，连接牢固。

（二）正确调整

1. 行距调整

①根据行距要求，确定安装开沟器的数量。

开沟器数等于安装开沟器梁的有效长度除以行距再加 1，除得的商应去掉余数，取整数。

安装开沟器梁的有效长度等于开沟器梁总长减去开沟器拉杆的安装宽度。

②安装开沟器时，应从开沟器梁的中线向两侧安装。

若所安装的开沟器数为单数，则在开沟器梁的中线上安装1个开沟器，其余开沟器每隔1个行距向左、右两侧安装；若所安装的开沟器数为双数，则先在开沟器梁的中线两侧相隔半个行距各安装1个开沟器，其余开沟器每隔1个行距向左右两侧安装。

③一般条播机上，开沟器有前、后列之分，安装时不要装错。

④开沟器安装完毕后，将之落到地面，检查各个开沟器之间的间距是否正确，不合适时进行校正。

⑤对不用的排种器，应用插板或堵种塞把其排种口堵住。对不用的排肥器，也要把其排肥口堵住。

⑥播种中耕作物时，行距的调整应注意：一是播种机工作幅宽应与中耕机工作幅宽相等，或为中耕机幅宽的整倍数，以免中耕时铲苗。同时拖拉机左右轮两外侧的行数应对称相等。二是如用履带式拖拉机中耕，调整行距时应留出拖拉机的履带道。

2. 开沟器入土性能和播深调整

(1)入土性能调整　增大或减小每个开沟器上的加压弹簧或配重可以改变入土性能。弹簧压力越大或配重越大，入土性能越好；反之，入土性能则差。可视土壤类型和湿度状况先行调节。

(2)播深调整　一般采用旋转播深调节手轮，改变全部开沟器的加压弹簧的压力，压力越大则播深越深。根据农艺要求调整。

3. 排种器排种量一致性调整　播种量不但要符合农艺

要求规定的每667平方米的播量，而且每行排种量必须保持一致。因此，对于各个排种器排种量的一致性，应当进行检查和调整。其检查和调整的方法因排种器类型不同而异。

(1)外槽轮式排种器排种量一致性的检查和调整 外槽轮式排种器排种量的大小和行间排种量的一致性，与排种轴的传动比和排种槽轮的工作长度有关。因此，在进行播量试验调整前，应先根据计划单位面积播种量，选定适宜的传动比，并对排种槽轮的工作长度和排种间隙的一致性进行检查和调整。

检查和调整排种间隙时，先把播种量调节手柄固定在"0"位，再将排种间隙调节手柄固定在最低处。此时，各排种舌应与阻塞轮凸齿相接触。逐个检查，如有未接触者，将其紧栓松开，向上敲击排种舌，使之接触，然后再行紧固。

检查和调节排种槽轮工作长度时，将播种量调节手柄固定于"0"位。此时，各排种器的阻塞轮左端，应与内齿挡盘紧贴。逐个检查，发现未贴紧者，松开该排种器左、右卡箍，轻敲阻塞轮，使之和内齿挡盘靠紧，再将卡箍紧挨阻塞轮和排种槽轮重新紧固。

检查和调整时，在选定的排种传动比情况下，把播种量调节手柄和排种间隙调节手柄固定在适当位置，把机架水平垫起，使行走轮离开地面，放下开沟器，并往种子箱内加进种子，在各输种管下端系上接种容器，顺转几圈行走轮，使排种器内充满种子。倒出接种容器内的种子，重新系好，然后按20～30圈/分的转速，均匀地转动行走轮一定圈数，依次称量各接种容器内的种子重量。若称量的结果与每个排种器的平均应排种子量不符，则应视差值大小，将该排种器左、右卡箍松开，酌情左、右移动排种槽轮。调整后再行试验，直至所有排种器的排种量与平均应排种子量相符为止。

(2)磨盘式排种器排种量一致性的检查和调整　其试验方法和外槽轮式排种器相同。但由于每个磨盘式排种器可同时由几个排种孔排种，因此应按单个排种孔即按行分别计量。

磨盘式排种器的排种量大小、排种均匀性和行间的一致性，主要决定于排种器轴的转速(传动比)、排种孔的断面形状和大小，以及排种盘和调节盘之间的间隙。调整方法因所播作物种类不同而异。

播种谷子和高粱时，由于调节盘的排种孔采用固定直径的圆孔，排种量稳定。排种量的大小，主要通过改变排种器轴的传动比进行调节。

播种小麦时，排种孔的断面形状和大小是由调节盘和隔盘上的长圆孔重叠位置而定。因此，调节时首先应按照计划播种量要求，选定适当的传动比，然后通过改变调节手柄在指示盘上的固定位置进行调节。

无论是播小麦、谷子，还是高粱，排种盘和调节盘之间的间隙，对于排种的均匀性和行间的一致性影响很大，必须调节适当。其间隙：小麦为 4～6 毫米，谷子和高粱为4～5 毫米。调节方法是先将驱动盘拧至与隔盘靠紧，然后倒回一定圈数(播小麦为 4～6 圈，播谷子和高粱为 4～5 圈)即可。

(3)梳齿棘轮式排种器排种量一致性的检查和调整

梳齿棘轮式排种器主要用于播种棉花，播种量可通过改变排种轴传动比和移动调节插板，调整排种孔的大小。调整排种孔的大小，也可使各行排种量达到一致。

4. 每 667 平方米播种量调整　在每个排种器排种均匀度符合要求的前提下，按规定的每 667 平方米播种量，计算出全部排种器应排的种子总量，然后进行播量试验，在试验过程中进行调整，直到符合要求为止。

(1) 播量计算　根据农艺要求的每 667 平方米播种量，计算出播种机行走轮转动一定圈数后全部排种器应排出的种子总量。

全部排种器应排出的种子总量(单位为 500 克)＝每 667 平方米播种量(500 克)×播幅(米)×3.1416×行走轮直径(米)×行走轮转动圈数/667 米^2

播种机的行走轮在实际播种时会有滑移，这样会减少种子的排出量，所以播量调整时应比计算值加大 5%～8%(视土壤质地，干、湿、疏松程度而定)。

(2)播量试验

①支起播种机，使行走轮能自由转动。在种子箱内加入一定量的种子，在各输种管下口用口袋盛接。初步调整排种槽轮的工作长度，结合传动机构，转动行走轮 2～3 圈，使种子充满排种器，并倒净落入口袋中的种子，重新放回各输种管下口。

②然后按 20～30 圈/分的转速，均匀地转动行走轮一定圈数(计算时所用的行走轮圈数)，收集各排种器所

排出的种子,集中在一起称其总重量,视其是否与计算值相符。如不符合要求,则应增加或减小排种槽轮的工作长度后再做试验,直到符合要求为止。

③若是行走轮传动半台播种机的排种器,应按计算值的一半试验和调整半台。再参考已调好的半台,再调另一半台。

表 4-1 为播种机的行走轮直径为 1.22 米,转动 20 圈后,不同播幅(米)、667 平方米不同播量(500 克/667 米^2)条件下,全部排种器的应排种子总量(单位为 500 克)。

表 4-1　播种机在上述条件下全部排种器的应排种子总量　(单位:500 克)

播幅(米) / 播量(500 克)	1.2	1.5	1.8	2.1	2.4
5	0.7	0.9	1	1.2	1.4
6	0.8	1	1.2	1.5	1.7
7	1	1.2	1.5	1.7	1.9
8	1.1	1.3	1.7	1.9	2.2
9	1.2	1.6	1.9	2.2	2.5
10	1.4	1.7	2.1	2.4	2.8
11	1.5	1.9	2.3	2.7	3.0
12	1.7	2.1	2.5	2.9	3.3
13	1.8	2.2	2.7	3.1	3.6
14	1.9	2.4	2.9	3.4	3.9
15	2.1	2.6	3.1	3.6	4.1
16	2.2	2.8	3.3	3.9	4.4
18	2.5	3.1	3.7	4.3	5.0

续表 4-1

播量(500克)＼播幅(米)	1.2	1.5	1.8	2.1	2.4
22	3.0	3.8	4.6	5.3	6.1
24	3.3	4.1	5.0	5.8	6.6
26	3.6	4.5	5.4	6.3	7.2
28	3.9	4.8	5.8	6.8	7.7
30	4.1	5.2	6.2	7.2	8.3
32	4.4	5.5	6.6	7.7	8.8
34	4.7	5.9	7.0	8.2	9.4
36	5.0	6.2	7.5	8.7	9.9

注：播量试验和调整时，按表内计算值增加5%～8%

(3)按行走轮转动圈数计算播量　播量计算也可按播种机播667平方米地块行走轮转动的圈数试验排种量。行走轮转动圈数按下式计算：

播667平方米行走轮转动圈数＝3.1416×行走轮直径(米)×播幅(米)/667(米^2)

进行播量试验时，按上式计算出的转动圈数转动播种机的行走轮，收集全部排种器所排种子总量，称量得的总重即为规定的667平方米播量。若播种机的行走轮只传动半台播种机的排种器，则播量试验时只称得半台播种机所排的种子量，这时的总重应为计算值的一半，再增加5%～8%。

例如，24行谷物播种机行走轮直径为1.22米，播幅为3.6米，按上式计算出播种机播667平方米地块行走轮的转动圈数为48.3。因行走轮只传动半台播种机的排种器，播量试验时，半台播种机的全部排种器所排种子重量应为667平方米播量的一半(再加5%～8%)。播量试验时，若嫌转动圈数太多，可转动一半的转数(即24.15)。这时，半台播种机全部排种器所排种子重量应为667平方米播量的1/4，再增加5%～8%。

又如，12行谷物播种机行走轮直径为1.22米，播幅为1.8米，行走轮传动整台播种机的排种器，播种机播667平方米的行走轮转动圈数为96.7。播量试验时，整台播种机的全部排种器所排种子重量应为667平方米播量，再加5%～8%。若嫌转动圈数太多，可用1/4转数(即24.15)，整台播种机全部排种器所排种子重量应为667平方米播量的1/4，再增加5%～8%。

5. 每667平方米排肥量调整 每667平方米的排肥量调整是在每个排肥器排肥均匀度符合要求的前提下，按规定的每667平方米排肥量，计算出全部排肥器应排肥料总量，然后进行排肥量试验，试验过程中进行调整，直到符合要求为止。

(1)排肥量计算 根据农艺要求的每667平方米排肥量，计算出播种机行走轮转动一定圈数后全部排肥器应排出的肥料总量。其计算公式如下：

全部排肥器应排出的肥料总量(单位为500克)＝每667平方米排肥量(单位为500克)×播幅(米)×3.1416×行走轮直径(米)×行走轮转动圈数/667米^2

播种机的行走轮在实际播种时会有滑移，这样会减少肥料的排出量，所以排肥量调整时应比计算值加大

5%～8%(视土壤质地,干、湿、疏松程度而定)。

(2)排肥量试验　与播种机的播量试验相同,此处不再重复。

6. 划行器长度的计算　为了保证播种时邻接行距的正确,播种机上应安装划行器,作为机组行进的依据。划行器应轻便灵活,所划行迹要清晰。

划行器长度就是播种机最边行的开沟器到所划行迹的距离。

当拖拉机中心线对准划行器所划行迹行进时,播种机左右两边的划行器长度相等(图 4-1)。这时划行器长度按下式计算:

$$划行器长度(米)=\frac{播种机播幅(米)+行距(米)}{2}$$

当拖拉机右前轮中心或履带拖拉机右履带内侧对准划行器所划行迹行进时,播种机左右两边的划行器长度不相等(图 4-2)。这时划行器长度按下式计算:

$$划行器长度(米)=\frac{播种机播幅(米)+行距(米)\pm前轮中心距(或履带内侧距)}{2}$$

计算时,左右两边划行器长度用“+”或“-”,视播种机的行走方法而定。如梭形播时则左边长(+),右边短(-)。

7. 指印器长度的计算　按下式计算:

从拖拉机中心到重锤连接点的指印器长度=半个播幅(米)+半个行距(米)

8. 悬挂式播种机与拖拉机的挂接　悬挂式播种机与

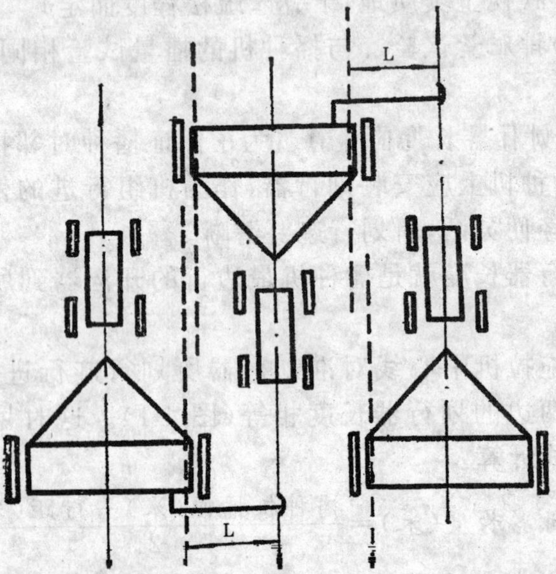

图 4-1　划行器长度相等

L. 划行器的长度

拖拉机挂接时，必须使拖拉机的下拉杆安装在左右吊杆的长孔内，这样可以减小播种过程中因拖拉机左右晃动而影响播种深度。同时调整拖拉机左右吊杆的长度，使播种机左右水平；调整拖拉机上拉杆的长度，使播种机前后水平；调整左右下拉杆各自拉链的紧度，使播种机的中心与拖拉机中心一致，在播种机升起状态时不会左右摆动。

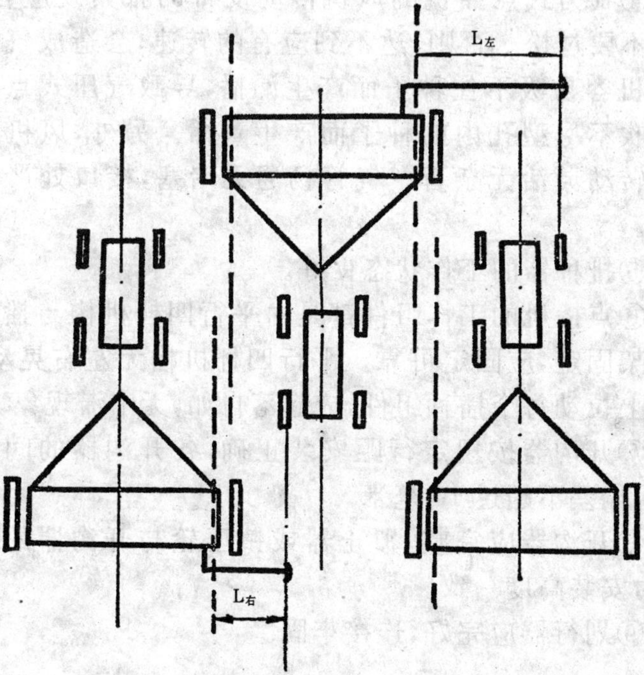

图 4-2 划行器长度不相等

L左．播种机左侧划行器长度 L右．播种机右侧划行器长度

二、精量播种机(点播机)

(一)技术状态标准

①机架完整无变形。

②地轮传动可靠。

③种子箱、肥料箱无裂缝，且有盖。

④气力式点播机的风机传动皮带的张紧度应合适，一定不要过松。否则，达不到应有的转速，会造成气吸式点播机容易吸不住种子而产生漏播，导致气压式点播机容易吹不尽型孔内的种子而产生重播。另外，风机工作时应转动灵活无杂音。气管畅通无堵塞，接口处严密无漏气。

⑤排种器的工作状态良好。

⑥点播机的工作组件都是由平行四杆机构与播种机的梁架固定，应固定可靠。平行四杆机构无左右晃动，用手向上拉动每个播种组件，应起落自如，无卡滞现象。

⑦开沟器按规定行距安装正确，各开沟器的间距应相等，偏差不超过10毫米。

⑧开沟器应完整，覆土器或镇压轮与开沟器的连接可靠，安装高度一致。

⑨划行器应完好，连接牢固。

（二）正确调整

1. 行距调整 参阅条播机的行距调整。

2. 开沟器入土性能调整 精量播种机（点播机）的开沟器一般采用滑刀式，其入土性能不如双圆盘式开沟器和锄铲式开沟器。为了保证滑刀式开沟器的入土性能，除了注意平行四杆机构上的拉紧弹簧要有足够的强度外，主要在于提高整地的作业质量，使整地后的土壤不要太硬，以便于开沟器入土。

3. 播深调整 由于精量播种机的开沟器大多采用滑刀式，因此，提高或降低开沟器上的限深板即可改变播种深度。

4. 粒距调整　精量播种机的粒距调整，主要是按照播种机厂提供的粒距调整表，选择不同位置链轮（齿轮）的齿数和排种盘的孔数来实现。粒距调整表可在点播机的使用说明书中找到，所以要妥善保存好防止丢失。有的播种机厂把粒距调整表制作成一块金属牌固定在点播机的种子箱一侧，便于调整粒距时查阅。该金属牌在使用中要防止划损，以免看不清楚。

表 4-2 为 2BQ-6 精量播种机的不同的吸种盘孔数和不同的传动链轮齿数组合的粒距调整表。图 4-3 为该机型的链轮传动位置。二者可供进行调整作业时参考。

表 4-2　2BQ-6 精量播种机的粒距调整

序号	链轮位置				18孔（厘米）	20孔（厘米）	24孔（厘米）	30孔（厘米）	36孔（厘米）	40孔（厘米）	45孔（厘米）
	A	A′	B	B′							
1	22	26	16	23	28.5	25.5	21.2	17.0	14.2	12.7	10.3
2	22	26	19	23	23.9	21.5	17.9	14.3	11.9	10.8	9.6
3	22	19	16	23	20.6	18.6	15.5	12.4	10.3	9.3	8.3
4	22	26	23	19	16.2	14.6	12.2	9.7	8.1	7.3	6.5
5	22	16	19	23	14.7	13.3	11.0	8.8	7.4	6.6	5.9
6	22	16	23	19	10.0	9.0	7.5	6.0	5.0	4.5	4.0
7	22	16	26	19	8.9	8.0	6.6	5.3	4.4	4.0	3.5

现以该机型为例，具体说明粒距调整的步骤。

①按农艺要求的每 667 平方米株数和行距计算出粒距。粒距的计算公式如下：

$$粒距(厘米)=\frac{667\times100\times0.95}{行距(米)\times每\ 667\ 平方米株数\times1.1}$$

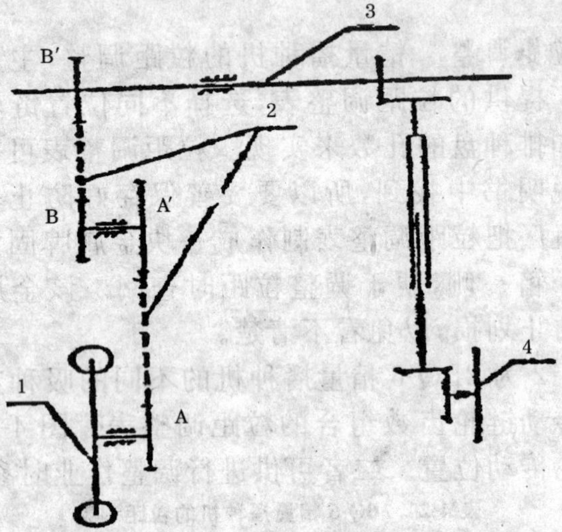

图 4-3　链轮传动

1. 地轮　2. 传动链条　3. 方轴　4. 排种盘

式中,1.1 为滑移率 10%

②按照计算出的粒距,从表 4-2 中找出与计算粒距最接近的值,在该值的同列向上可找出对应的排种盘孔数。在该值的同行向左可找出对应的链轮位置,按此安装排种盘和链轮即可。

例如,农艺要求每 667 平方米地块株数为 4 500 株,行距为 0.6 米,则粒距计算为:(667×100×0.95)÷(0.6×4500×1.1)=63365÷2970=21.3(厘米)

在表 4-2 中,可以查到最接近计算值的粒距为 21.2,与该数向上对应的即排种盘的孔数为 24。与该数向左对应的链轮配置为:A 链轮的齿数为 22,A′链轮的齿数为 22,B 链轮的齿数为 16,B′链轮的齿数为 23。

若无法找到粒距调整表，就只能实际进行粒距试验了。试验时按以下步骤进行：

①精量播种机与拖拉机挂接后处于正常工作状态。

②初步选定链轮（齿轮）的齿数和排种盘的孔数后，在任意一行的种子箱内放入一定量的种子，在相应开沟器下面放好盛接种子的容器，转动地轮 2～3 圈后，使排种器排出种子。清除容器内的种子，重新放好容器。

③用近似于正常播种速度的转数转动地轮若干圈（一般为 10 圈），取出容器，数出容器内的种子粒数。

④按下式计算实际排出的粒距：

$$粒距(厘米)=\frac{3.1416\times 地轮直径(米)\times 100\times 10}{种子粒数}$$

若实际排出的粒距与计算值不符，则应改变链轮（齿轮）的齿数或吸种盘的孔数后重新再试验，直到符合要求为止。

5. 单粒调整 气吸式点播机在调整粒距前，应先要进行单粒调整。调整时先使点播机与拖拉机挂接并处于正常工作状态，使风机高速运转，用近似于正常播种速度的转数转动地轮，观察吸种盘的吸种情况。松开位于种子箱一侧的刮种器固定螺母，调整刮种器，直至每个吸种孔只吸 1 粒种子为止。然后固定刮种器的螺母，依次逐行调整完毕。调整过程中，宁可少量吸种孔上出现双粒，也不要出现缺粒。

6. 其他调整 包括排肥量、划行器长度、悬挂式播种机与拖拉机的挂接等调整，可参阅条播机相应的方法调整。

三、免耕播种机

免耕播种机一般都是在机械式或气吸式精量播种机的基础上，增加免耕工作部件而成。由于在未耕地上播种，免耕播种机相关部件的强度也比一般播种机要大。

免耕播种机的技术状态和正确调整与本章所述的精量播种机相同，故不再重复。只是免耕工作部件——破茬松土器可以在固定卡内上下移动，以改变其工作深度。一般破茬松土器的工作深度比后面的双圆盘式开沟器稍深一些，可视土壤的湿度和软硬程度而定。

思 考 题

1. 条播机的良好技术状态标准有哪些？
2. 怎样检验条播机各行排种器排种量的一致性？
3，怎样正确安装条播机的各行开沟器？
4. 怎样正确调整条播机每 667 平方米的播种量？
5. 怎样按农艺要求计算精量播种机的粒距？
6. 怎样正确调整精量播种机的粒距？
7. 轮式拖拉机与悬挂播种机的挂接，应注意哪些事项？
8. 怎样计算划行器（指印器）的长度？

第五章　播种作业

一、试　播

播种作业在作物生产过程中是最为关键的环节，播种质量达不到农艺要求，再要补救就很困难了。为了播种作业的顺利进行，获得一播苗全、苗齐和苗壮的效果。在正式播种前先要进行试播。试播过程中实地检查播量，播种深度、行距、邻接行距等是否符合规定。必要时，进行调整，确认符合农艺要求后方可正式播种。

(一)播种机与拖拉机连接状态检查

试播过程中，首先目测检查播种机工作时左右和前后是否水平，必要时进行调整。

(二) 播种深度、行距和邻接行距检查

在试播过程中，用尺测量是否符合规定的要求，必要时进行调整。

(三)播种量检查

1. 条播机的播种量检查　有以下两种方法：

①事先在播种机的每个输种管出口处用容器接住排出的种子，机组在播种地块内按正常速度行进一定距离(如 50 米)，称出排在容器中种子的总量是否符合应排种

子量的要求。应排种子量可按下式计算：

应排种子量(每 667 平方米播量)＝667 平方米播量(单位：500 克)×播种机播幅(米)×50(米)/667 米^2

②机组在播种地块内按正常速度行进一定距离(如 50 米)，在播行内检查米间落粒。方法是扒开覆土，在 1 米或 0.5 米长度内数播下的种子粒数是否符合要求，必要时进行调整。米间落粒数按下式计算：

$$\text{米间落粒数}=\frac{667\text{ 平方米播量(单位:500 克)}\times\text{行距(米)}\times 500000}{\text{千粒重(克)}\times 667\text{ 米}^2}$$

麦类作物不同行距、不同千粒重的米间落粒数参见本书附录。

2. 精量播种机的播种量检查 机组在播种地块内，按正常速度行进一定距离(如 50 米)，在播行内检查粒距。方法是扒开覆土，在 1 米或 0.5 米长度内用尺测量粒距是否符合要求，必要时进行调整。

二、播种方法

(一)划出地头线

在播种地块两头，用拖拉机空行压出清晰可见的地头线作为开沟器起落的标志。地头宽度一般为播种机播幅的 2～4 倍。悬挂式机组比牵引式机组的地头宽度小，套播法比其他播法的地头宽度小。

(二)行走方法

1. 梭形播法　机组从播种地块一侧进入，播到地头后有环结转弯，一趟邻接一趟，依次播完(图 5-1)。

此法当拖拉机右前轮(或右履带)对准划行器所划印迹时，划行器左长右短。

2. 套播法　把播种地块分成双数的等宽小区，小区宽度应为播种机播幅的整倍数，机组从地块的一侧进入，播到地头后无环结转弯到另一小区的一侧返回，依次播完。此法当拖拉机右前轮(或右履带)对准划行器所划印迹时，播种机划行器长度左短右长(图 5-2)。

此法地头宽度较小，机组转弯方便，但要求正确区划小区的宽度。

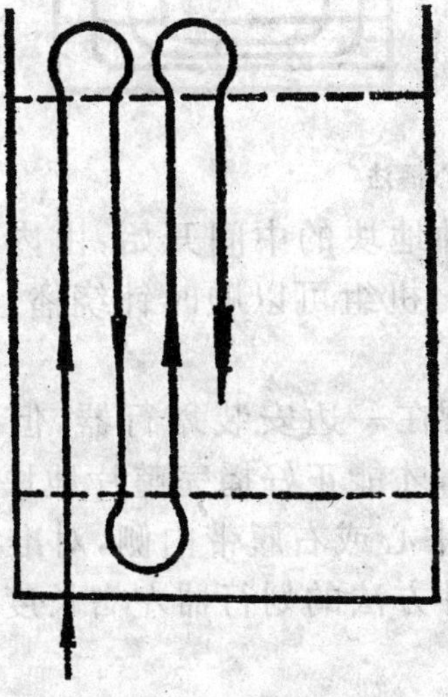

图 5-1　梭形播法

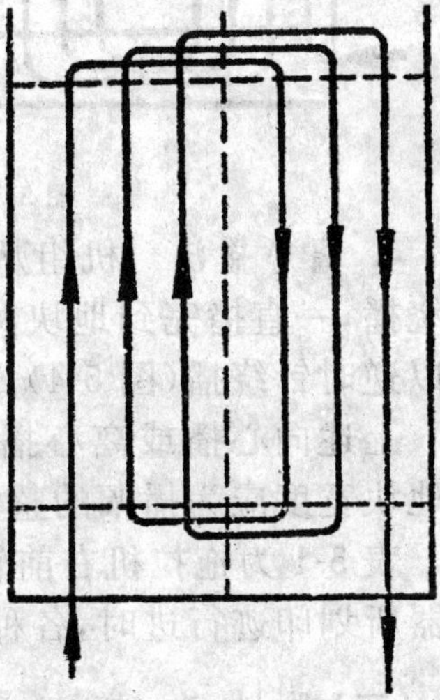

图 5-2　套播法

套播法还可结合地块内原有的灌水沟渠进行或是播前预先筑出的畦埂进行。这时就不须要安装划行器。

3. 向心播法 机组从播种地块一侧进入，由外向内绕播，一直播完到地块中间。机组可以顺时针绕播，也可以逆时针绕播(图 5-3)。

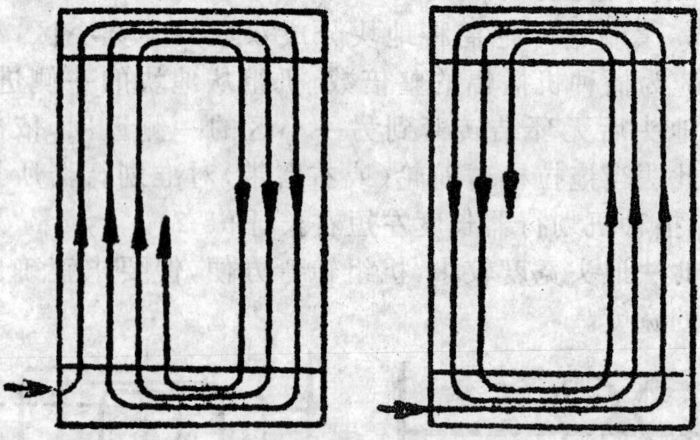

图 5-3 向心播法

4. 离心播法 机组从播种地块的中间开始，由内向外绕播，一直播完到地块两边。机组可以顺时针绕播，也可以逆时针绕播(图 5-4)。

上述向心播或离心播只须在一边安装划行器，但要求地块宽度应为播幅的整倍数，才能正好播完整片地块。

表 5-1 为拖拉机右前轮轮中心或右履带内侧，对准划行器所划印迹行进时，各种播种方法的划行器左右长度。

(三)播地头

1. 单播地头 当整个地块的长边播完后，用梭形播

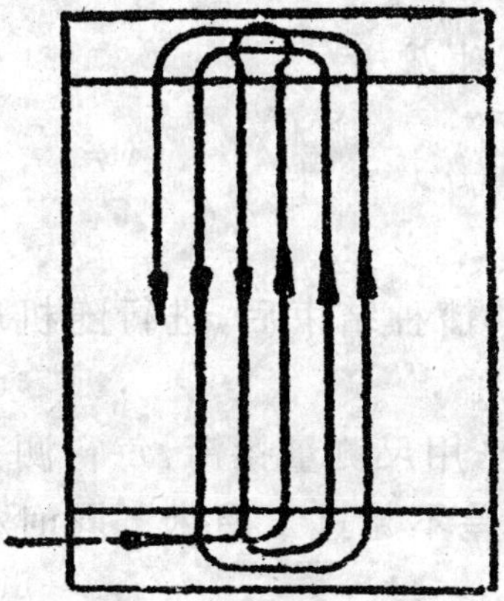

图 5-4　离心播法

法单播地头，此法的缺点是地块四角不易播到。

2. 转圈播地头　播前先在播种地块长边方向两侧各留出与地头宽度相等的 2 条不播，待地块长边播完后把地头、地边连起来转圈播，这样地块四角基本上都可播到。

表 5-1　各种播种方法的划行器左右长度

播种方法	左边划行器长度(米)	右边划行器长度(米)
梭形播法	播幅(米)＋行距(米)＋A/2	播幅(米)＋行距(米)－A/2
套播法	播幅(米)＋行距(米)－A/2	播幅(米)＋行距(米)＋A/2
逆时针向心播	播幅(米)＋行距(米)－A/2	不使用
逆时针离心播	播幅(米)＋行距(米)＋A/2 (只在播第一趟时使用)	播幅(米)＋行距(米)＋A/2
顺时针向心播	不使用	播幅(米)＋行距(米)－A/2
顺时针离心播	播幅(米)＋行距(米)－A/2	播幅(米)＋行距(米)－A/2 播幅(米)＋行距(米)＋A/2 (只在播第一趟时使用)

注：公式中的 A 为履带拖拉机的履带内侧距(米)或轮式拖拉机前轮中心距(米)

三、播种质量

(一)播种质量检查

在播种作业过程中以及播种结束后,进行随机取点检查。

1. 播种深度 扒开覆土,用尺测量播深,每行测几点后取平均值,与规定播深相差不超过1厘米。同时检查种子覆土是否良好。

2. 播种量 数米间落粒(条播)或测量粒距(点播)检查播量是否符合要求,注意作业过程中有无变化,发现问题及时解决。

还可在播完一块地后,根据已播的种子量与地块面积进行核对。

3. 行距 用尺测量行距是否正确,有无变化,与规定的行距相差不超过1厘米。

4. 邻接行距 用尺测量邻接行距是否正确,有无变化,与规定的邻接行距相差不超过2.5厘米。

5. 地边和地头 目测检查地边和地头有无漏播,发现漏播及时补种。

(二)复式作业

播种机复式作业的方式很多,依各地具体情况各不相同。较常用的有:播种、施肥和平畦筑埂,播种、施肥和覆土、镇压,播种、施肥和耢(盖),旋耕和播种、施肥等。

抗旱播种时，播种机开沟器前可以加装“人”字形分土器，用它分开表层干土，使种子播在湿土上，适用于春播棉花等。

采用复式作业对抢墒、抢时间播种，减少拖拉机进地次数，提高播种作业质量和降低成本都有重要意义。

现对使用较多的水浇地种麦的播种、施肥和平畦筑埂复式作业作一介绍。这种作业一般有 2 种方式，一是在播种的同时平畦筑埂，另一种是先平畦后筑埂。

1. 播种的同时平畦筑埂　在播种机前边安装平畦筑埂器，这种筑埂器有木制或铁制的，也有圆盘式的，呈倒“八”字形，大口宽度稍大于播种机的播幅，小口宽度与埂底宽度相等（图 5-5）。

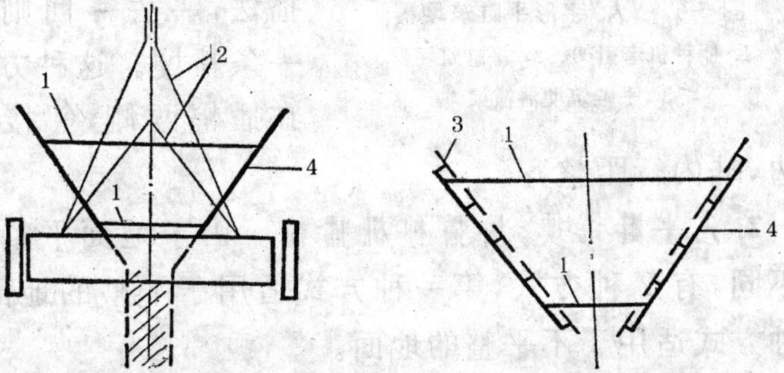

图 5-5　倒“八”字形平畦筑埂器

1. 平畦筑埂器横梁　2. 播种机牵引架　3. 圆盘　4. 平畦筑埂器板

工作时，平畦筑埂器随着播种机一起前进，把表层土壤向中间收拢，并沿平畦筑埂器板或圆盘向后斜向移动，经小口处成埂。平畦筑埂器的重量视土质情况、埂的大小而定。

牵引式播种机前面安装平畦筑埂器，须加长牵引架。机组在地头转弯时，使用拖拉机的悬挂机构升起播种机牵引架，同时也使平畦筑埂器前端抬起，便于转弯。这种复式作业方式在播幅的中间出埂，邻接行在畦内。

平畦筑埂器也有"人"字形的，其大口宽度与播种机的播幅相等，前端合拢呈"人"字形（图 5-6）。工作时，平畦筑埂器随播种机行进，把表层土壤分向两边并向后斜向移动，在播种机两侧形成半条埂。机组用梭形播法，一去一回则形成一条整埂。这种方式埂在播幅两侧，邻接行在埂边，畦内行距整齐。

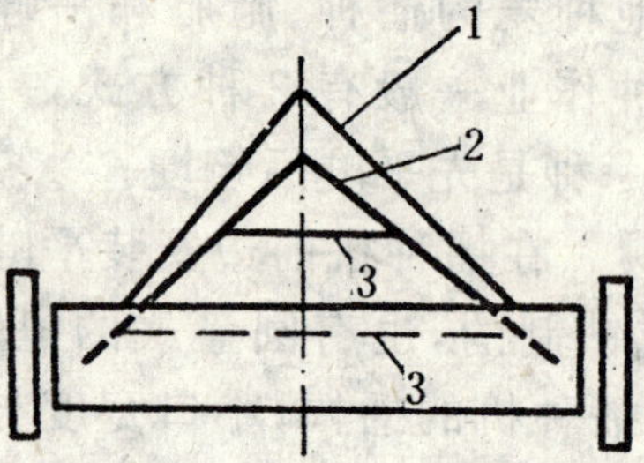

图 5-6 "人"字形平畦筑埂器

1. 播种机牵引架 2. 平畦筑埂器 3. 平畦筑埂器横梁

2. 先平畦筑埂，后播种机播种 由于地面平整状况的不同，有 2 种方式，第一种方式适用于平整的地面，第二种方式适用于不平整的地面。

①采用悬挂式平畦筑埂器并安装划行器，在播种地块上平畦筑埂。作业时要求埂直，埂宽一致，埂与埂的中心距与播种机的播幅一致，随后即可播种。

播种时，播种机组的中心对准埂的中心行进。

②先平畦筑埂，播种前畦内再用自制的平地木框平整一遍，最后播种机播种。

以上各种作业方式，播种机后面还可配带以下农具进行复式作业。如播种机后带镇压器，用于播后镇压，以利于出苗；播种机后带盖（耢），可以改善覆土效果，并有保墒作用。

（三）机播注意事项

①经过试播确认都符合规定要求后，方可正式开始播种作业。

②种子必须清洁，不许有杂物，以免堵塞排种器，造成播量减少或漏播。

③作业时，机手应精力集中，拖拉机机手和播种机机手互相配合好，要求播行直，邻接行距一致。播种机组的行驶速度不能过快，一般不宜超过 7 千米/小时，否则造成播种机的颠簸而影响排种的均匀性和播深的一致性。

④悬挂式播种机作业时，液压操纵手柄应放在“浮动”位置，使播种机可以随地面起伏而上下运动，以保证播深的一致性。

⑤气吸式或气压式点播机播种作业过程中，始终采用大油门工作，以保证风机有足够的吸力或吹力。

⑥气吸式播种机的作业速度不能太快，否则容易造成漏播，同时也恶化粒距的均匀度。一般不应超过 6 千米/小时。

⑦播种机组在地头转弯时，按照所划出的地头线正确起落牵引式播种机的开沟器或悬挂式播种机，保证每趟播行的长度一致，地头整齐，无漏播和重播。

⑧播种过程中尽量不要停车，以免猛一停车，掉一堆

种子，再起步时，又造成漏播和落粒不匀。因故必须停车时，牵引式播种机在起步前应在各开沟器前方0.5米范围内撒些种子，再起步开始播种，避免漏播。悬挂式播种机则应升起播种机，后退约0.5米再落下播种机继续播种。

⑨播种过程中，播种机机手必须注意观察播种机各工作部件是否工作正常，每个排种器是否都在正常排种，并注意种子箱内的种子余量不能过少，否则会影响排种均匀性；开沟器、覆土器等有无缠草或壅土，种子覆土是否良好等，发现问题，及时解决。

⑩ 播种过程中发现漏播，应立即在漏播处插上标记，便于补种。

⑪播完一种作物的品种后、更换另外的作物品种前，必须认真清理种子箱，防止种子混杂。

(四)改善播种作业质量的措施

改善播种作业质量的措施见表5-2。

表5-2 改善播种作业质量的措施

现 象	产生原因	排除方法
某一排种器不排种	1.齿轮错位，轴销被剪断，链条、皮带中断 2.排种口被堵塞，种子架空 3.排种轮卡箍松脱，键、销掉落，造成不转或滑转	1.调整、安装、更换损坏部件 2.清理、排除 3.重新安装并紧固
点播机粒距不正常	1. 传动皮带打滑 2. 投种器动作不灵活 3. 机组行进速度过高或不稳定	1. 调整张紧力，加大地轮压力 2. 调整投种器部件 3. 保持正常速度，匀速前进

续表 5-2

现 象	产生原因	排除方法
点播机种子破碎率增大	1. 转速过高 2. 护种装置损坏 3. 排种盘(轮)尺寸、形状不适应 4. 刮种舌离排种盘(轮)太近	1. 降低机组行进速度 2. 更换护种装置 3. 更换排种盘(轮) 4. 调整间距
开沟器堵塞、拖堆	1. 双圆盘式开沟器的圆盘转动不灵活。圆盘左右晃动而张口。开沟器内导种板与圆盘间隙过小 2. 地面不平,作物残茬太多或土壤太湿 3. 农具降落过猛。工作部件入土后倒车	1. 增加内、外锥体间的垫圈。减少内、外锥体间的垫圈。正确调整间隙 2. 提高整地质量,要求地面平整,残茬覆盖严密 3. 停车清理。不允许工作状态倒车
漏 播	1. 输种管堵塞或脱落 2. 输种管损坏向外漏种 3. 土壤湿黏,开沟器堵塞 4. 种子不干净,堵塞排种口	1、2. 经常注意及时排除 3. 在合适条件下播种 4. 将种子清选干净
播种深度不够	1. 开沟器弹簧压力不足 2. 锄铲式开沟器的拉杆变形,入土角太小 3. 镇压轮位置太低或弹簧压力过大	1. 调整定位销孔位,增大压力 2. 校直,调整 3. 调整镇压轮高度
播深不一致	1. 条播机机架前后不平。机架变形。起落方轴扭曲。各开沟器弹簧弹力不一致 2. 点播机机架左右不平。各开沟器限深板或镇压轮位置不一致	1. 正确连接或调整,使机架前后水平。修复并校正机架和起落方轴。调整各开沟器弹簧弹力一致 2. 正确连接或调整,使机架左右水平。重新调整各开沟器限深板或镇压轮位置

续表 5-2

现　象	产生原因	排除方法
行距不一致	1. 开沟器配置不正确 2. 条播机开沟器前、后拉杆变形。点播机平行四杆机构变形 3. 条播机开沟器拉杆固定螺丝松动。点播机平行四杆机构固定螺丝松动	1. 正确配置开沟器 2. 校正前、后拉杆。校正平行四杆机构 3. 重新紧固
邻接行距不正确	1. 划行器长度不对 2. 机组行走不直	1. 校正划行长度 2. 严格走直
播种量不均匀	1. 地面不平，土块太多 2. 条播机排种轮工作长度不一致。排种舌开度不一致。播量调节手柄的固定螺丝松动 3. 气力式点播机的风机风力不足。输气管漏气。输气管连接处不严密	1. 提高整地质量 2. 正确校正排种轮工作长度。正确调整排种舌开度。重新紧固在合适位置 3. 调整风机传动皮带张紧度。更换新的输气管。重新连接严密
覆土不严或过多	1. 覆土板角度不当 2. 弹簧压力或配重不当	重新调整
镇压不实	1. 弹簧压力不足 2. 土壤太硬	调大压力，增加配重

思考题

1. 为什么要强调播种前必须进行试播？试播过程中应注意哪些事项？

2.怎样检查条播机的实际播种量？

3.为什么播种时要在播种地块两端划出清晰可见的地头线？

4.播地头有哪些方法？

5.播种机有哪些复式作业的方式？

6.气吸式播种机在地头转弯时应怎样操作？

7.为什么强调播种过程中尽量不要停车？因故必须停车时，应采取哪些措施？

8.影响播种机播种质量的因素有哪些？

第六章　免耕播种

土壤耕作是田间作业的基本环节。为保证播种质量，创造良好条件，同时也为播后种子的发芽和作物的生长创造符合要求的种床和根床。因此，土壤耕作不但直接影响作物的生长，还会影响土壤结构和土壤肥力的变化。

一、耕作方式

耕作方式虽然多种多样，但从根本上讲，可以归纳为传统耕作法、少耕法和免耕法三种。

(一)传统耕作法

以铧式犁翻耕土壤为标志，虽然耕后地面干净，易于播种，但传统耕作法在翻耕前须清理前茬作物的秸秆和灭茬，翻耕后须进行播前整地等作业。因此，传统耕作法的作业次数多，能量消耗大，当土壤过湿或过干时不易达到所要求的耕作质量，而且翻耕后的土壤容易引起风蚀和水蚀。

(二)少耕法

以不使用铧式犁翻耕土壤为标志，并尽量减少耕作次数，而达到播种所需的土壤条件，如旋耕播种、耙茬播种和铁茬播种等都是少耕法。

(三)免耕法

免耕法不但不采用任何耕作措施，而且以地面有覆盖物(一般为作物秸秆)为标志。其基本要求是在秸秆覆盖的地面上，尽可能少地搅动土壤而采取直接播种，以保持土壤原有的结构和层次。由于强调地面应有秸秆覆盖，因此免耕法又称为秸秆覆盖免耕法。

国外采用秸秆覆盖免耕法已有多年历史。用免耕法种植的中耕作物如玉米、大豆、棉花等，都获得节能、省工、增产的效果，而且在防止土壤侵蚀和保持水土方面具有显著的作用。

我国也在试验和推广免耕法，并有发展的趋势。免耕法已成为保护性耕作的重要措施，其中尤以免耕播种玉米、大豆或棉花等作物居多，效果也最好。而且在生产应用中，因各地条件不同，故有不少变通的方式。如铁茬播种，待出苗后结合中耕耢麦茬进行覆盖，或由人工在玉米行间铺撒秸秆覆盖等。

免耕播种越来越被广大农民所接受和采用，免耕播种的面积在日益扩大。尤其是在一年两茬(冬小麦和夏玉米)的种植制度地区，覆盖免耕播种的夏玉米可以获得显著的节能、省工和增产的效果。多年的生产实践也证明，覆盖免耕播种具有明显的经济效益、生态效益和社会效益，更重要的是解决了麦收季节焚烧秸秆造成的环境污染问题。

二、秸秆覆盖免耕法的基本要点

秸秆覆盖免耕法是利用作物、土壤生物和土壤三者之间的相互作用，使之形成良好的农业生态环境。其主要有以下三个特点：

(一)生物耕作代替机械耕作

田间的土壤经过前茬作物的生长，由于作物根系在土壤中的穿插以及蚯蚓等土壤生物在土壤中的活动，使土壤形成了适于下茬作物生长的良好结构。而且通常土壤的表土层有机质丰富，团粒结构良好，是土壤最肥沃、最宝贵的部分，它是土壤与大气间交换水、肥、气、热的门户。研究表明，经作物生长后的土壤，其孔隙度可以满足下茬作物生长的要求，并有较高的持水和供水能力。因此，秸秆覆盖免耕法只须要为作物创造种床，而无须创造根床。但土壤一经耕翻，就破坏了上述的有利条件，土壤结构也遭到破坏，且表层容易遭到水蚀和风蚀而流失。若降水或灌溉后经暴晒，则又易造成板结，影响渗水和透气。

(二)秸秆覆盖代替暄土覆盖

传统耕作，为了达到干旱时保墒、雨后散墒的目的，采用多次的锄、耙、耢等措施，使土壤表面有一层疏松的暄土覆盖。农谚所说的“锄头底下有水又有火”就是这个道理。但暄土覆盖不能防止风蚀和水蚀，容易受到降水和灌溉的破坏，致使大量肥沃表土被冲刷流失，这样就造成越是多锄多耙越是破坏土壤结构的恶性循环。

秸秆覆盖不但做到了秸秆还田，增加土壤有机质，而且秸秆可以保护地表土壤不受降水时水滴的拍击和暴雨的冲刷，可以维持原来的土壤结构和孔隙度，使之有较好的渗水能力。同时，地表有秸秆覆盖也大大抑制了土壤水分的蒸发，提高了水分利用率。因此，秸秆覆盖既有暄土覆盖的保墒和散墒作用，又有暄土覆盖所没有的防止风蚀和水蚀的作用。

（三）化学除草代替中耕除草

秸秆覆盖免耕法要求尽可能不搅动土壤并在表土用秸秆覆盖，与传统的中耕除草相矛盾。所以，秸秆覆盖免耕法是随着除草剂在生产上的应用才迅速发展起来的。而秸秆覆盖免耕法又为化学除草创造了有利条件，这是因为免耕条件下的杂草种子集中在表层，萌发整齐，容易达到一次性防除；加之秸秆覆盖层的遮光作用和秸秆遇雨水后的分解物对杂草种子的萌发、杂草的生长有抑制作用，因此若处理得当，则完全可以免去中耕除草的环节。

三、秸秆覆盖免耕法的主要优点和适用条件

（一）主要优点

1. 蓄水保墒　秸秆覆盖免耕法保持了适宜的土壤孔

隙度，孔径分布均匀，连续而且稳定，因此有较高的入渗能力和持水能力，可把雨水和灌溉水更多地保持在耕层内，而覆盖在地面的秸秆又可以减少土壤水分的蒸发。在干旱时，土壤的深层水容易因毛细管作用而向上输导，所以秸秆覆盖免耕法增强了土壤的蓄水功能，提高了作物对土壤水分的利用率，与传统耕作法相比，可提高水分利用率10%～20%。

2. 培肥土壤 秸秆覆盖还田既可增加土壤有机质，又可促进土壤微生物的活动。连年秸秆覆盖还田，土壤有机质递增，土壤中全氮、全磷、速效氮、速效磷也都增加。试验表明，连续三年采用秸秆覆盖免耕法播种夏玉米的土壤(秋季种麦仍为翻耕播种)，经测定0～20厘米土层内有机质含量有所增加；连续三年把秸秆翻耕还田播种的土壤，其有机质含量维持平衡；连续三年把秸秆烧掉后翻耕播种的土壤，其有机质含量有所下降。

3. 节能省工 因覆盖免耕播种减少了作业次数，比翻耕播种节省燃油消耗，减少用工量，降低作业费用，不但提高了经济效益，而且可以因争取农时提早播种而增产，这对两茬平作地区提高下茬作物的产量极为有利。

(二)适用条件

秸秆覆盖免耕法是对传统耕翻种植的改革，有很多优点，但也有其适用的范围和应用的条件；只有符合其范围和条件，才能获得预期的效果。主要条件有三点：一是适用的作物为玉米、大豆、高粱和棉花等。二是适合的土壤为松散的壤土，中等肥力以上，地面平整。三是具有良好的灌溉条件，最好使用喷灌。

下面以应用面积最广、效果最好的夏玉米免耕覆盖播种机械化技术为例，说明其具体内容和怎样实现才能获得预期效果。

四、夏玉米机械化免耕覆盖种植技术

夏玉米机械化免耕覆盖种植技术适用于小麦、玉米两茬平作地区的夏玉米免耕播种。经过多年实践证明，该项技术已是一项成熟技术，采用该项技术种植的夏玉米可以因夏争时而增产。又因秋季播种小麦时仍为翻耕播种，既保持了免耕法的优点，又可防止因连续免耕所带来的病虫草害等问题，经济、生态和社会效益都很显著，深受广大农民欢迎，使用面积越来越大。当然，实现该项技术不仅仅是免耕播种那么简单，而是一项综合技术，必须全面完成，才能获得预期效果。夏玉米机械化免耕覆盖种植，可以总结为三项作业、六项技术、四项注意和一项关键。现分述如下：

(一)三项作业

夏玉米免耕覆盖种植机械化技术由三项作业组成，即秸秆覆盖、免耕播种和化学除草，其中秸秆覆盖是基础，免耕播种是关键，而化学除草是保证。

首先是采用安装有秸秆切碎铺撒装置的联合收割机，在收获小麦的同时切碎和铺撒秸秆于地面，随即由免耕播种机在麦秸覆盖的地面上不经耕、耙等作业直接播种，并同时施种肥。播后由喷杆式喷雾机全面喷洒除草剂，并根据当时的土壤墒情确定是否喷灌。在整个玉米生长期间除必要时追肥外，不再进行其他作业。

若采用不安装有秸秆切碎铺撒装置的联合收割机收获小麦，未经切碎的小麦秸秆呈条铺状落于地面，则在收割后、免耕播种前，须采用秸秆切碎机把条铺麦秸切碎，并同时铺撒秸秆于地面。

有的地方因麦秸量过大，切碎秸秆和播种都很困难，则可采用半量覆盖，即采用不安装有秸秆切碎铺撒装置的联合收割机，高茬收割小麦，未经切碎的小麦秸秆呈条铺状铺于地面，收获后把条铺麦秸运出田间另作他用，地里的高茬由秸秆切碎机切碎后，进行免耕播种。

（二）六项技术

1. 种子处理技术 种子处理是提高种子质量的关键措施。要知道，免耕播种的地面因有秸秆覆盖，是无法进行间苗的，必须采用精量播种。种子处理包括清选、分级和拌药（或用种衣剂包衣）三项内容。首先清除有病虫害的、瘦小的和破碎的种子以及颖壳、短茎秆等混杂物，并将清洁的种子按尺寸和比重等不同特征进行分级，最后用药物拌种或种衣剂包衣。种子处理可以提高种子的纯度、净度、发芽率和千粒重。经过分级后的种子大小一致，不仅满足精量播种对种子尺寸的要求，而且可以达到播后苗齐、苗壮。经包衣后的种子还可起到防治病虫害的作用。

用于种子处理的机具主要有种子精选机、种子包衣

(拌药)机等。

玉米种子精选机主要由风机、筛子(圆孔筛和长孔筛)组成。风机产生气流用以清除混杂于种子中的轻杂质。筛子按种子的尺寸分级,正确选配筛子的筛孔大小,可以筛除尺寸大小不一致的种子。

种子包衣(拌药)机一般由给料器把定量的种子和药剂投入搅拌器内进行充分搅拌,完成包衣(拌药)后,将种子从搅拌器的末端出口由推运器推出装袋。

种子包衣(拌药)机也可进行种子拌粉。

2. 秸秆处理技术　免耕覆盖播种机的田间通过性能及播种质量在很大程度上受到田间秸秆量的多少、秸秆长度及其分布均匀性的影响。此外,当留茬高度超过 25 厘米时,对玉米苗期的生长发育也将产生不良影响。因此,在播种之前必须对收获后的麦秸进行适当处理,以创造良好的地表条件。在小麦单产逐年提高的情况下,更应重视做好秸秆处理这一环节,这是实现夏玉米机械化免耕覆盖种植的基础作业。

(1)*秸秆覆盖的方式*　有全量覆盖和半量覆盖。

①全量覆盖:在小麦收获时,把全部麦秸切碎并均匀铺撒地面。根据机具的不同,其处理方式有以下几种:

一是联合收割机安装秸秆切碎抛撒装置(图 6-1),在收获小麦的同时,切碎秸秆铺撒于地面。当秸秆量不是很大、割茬高度不超过 25 厘米时,收获后即可直接播种;当秸秆量很大时,可采用高茬收割,收获后采用秸秆切碎机再全面粉碎一遍高茬。

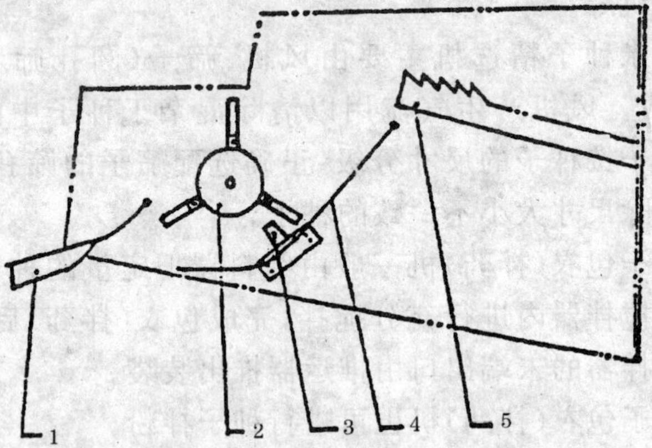

图 6-1　联合收割机的秸秆切碎抛撒装置

1. 扩散板　2. 切碎滚筒　3. 定刀　4. 滑板　5. 逐稿器

使用中应注意秸秆铺撒装置扩散板的角度调整。工作中，扩散板应有一定的仰角，以增加麦秸的铺撒宽度。仰角越大，铺撒宽度越宽。扩散板仰角大小的调整，应以使麦秸的铺撒宽度与联合收割机的割幅相等为准。实际工作中，当仰角调到最大，但仍然达不到麦秸铺撒宽度的要求时，可以进行简单的改装，提高扩散板的仰角。

二是联合收割机不安装秸秆切碎铺撒装置。当秸秆量不是很大时，进行低茬收割（低于 25 厘米），秸秆呈条铺状落于地面。收获后采用甩刀式秸秆切碎机（图 6-2），切碎并铺撒条铺的麦秸。若秸秆量很大时，可进行高茬收割，收获后先用秸秆切碎机切碎并铺撒条铺麦秸；然后再用秸秆切碎机全面粉碎一遍所留的高茬。

甩刀式秸秆切碎铺撒机工作时，由拖拉机牵引前进并由动力输出轴驱动铰接在轴上的甩刀高速旋转，其旋

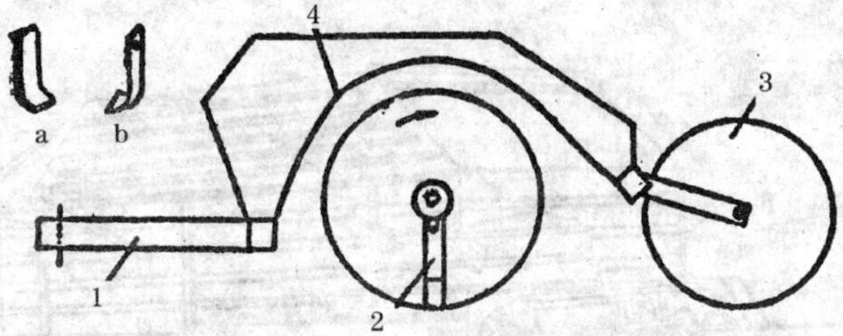

图 6-2　甩刀式秸秆切碎铺撒机

a. 左弯刀片　b. 右弯刀片

1. 牵引架　2. 切碎装置　3. 地轮　4. 护罩

转方向与切碎铺撒机的前进方向相反，甩刀切碎麦秸的同时把麦秸向后抛出，经扩散板铺撒到地面。

②半量覆盖：采用高茬收割，并将条铺麦秸运出田间，收获后用秸秆切碎铺撒机全面粉碎高茬，然后进行免耕播种。

(2)运输秸秆　把条铺麦秸运出地外的机具有多种，可按照生产条件采用。现介绍以下三种：

第一，捡拾装运车(图 6-3)。工作时，由拖拉机牵引捡拾装运车沿条铺麦秸前进，并由动力输出轴驱动捡拾器、升运器和输送链板工作，把条铺麦秸装入车内。待秸秆装满后，运至卸草地点，自动把秸秆卸出车厢。

第二，捡拾压捆机，又称方捆机(图 6-4)。方捆机可把秸秆打成方捆，缩小秸秆体积，提高运输效率。方捆机由拖拉机牵引沿条铺麦秸前进，并由动力输出轴驱动工作部件工作。作业时条铺麦秸被捡拾、送入方捆机内，经压缩和打捆后形成长方形草捆，落在地面，然后再运出地外。

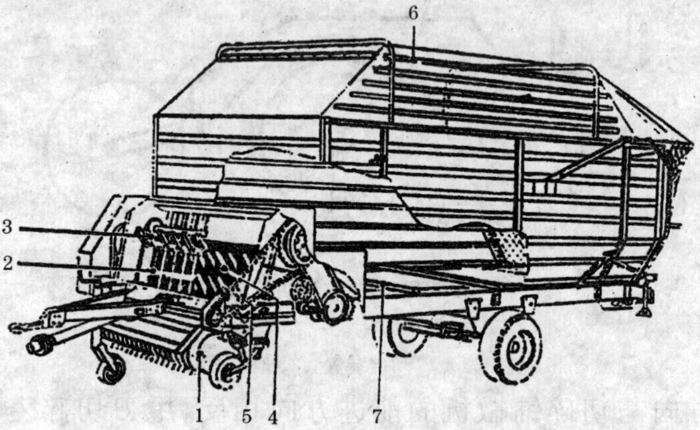

图 6-3 捡拾装运车

1. 耙齿 2. 升运器 3. 捡拾器 4. 下列切刀
5. 上列切刀 6. 输送链板 7. 顶板

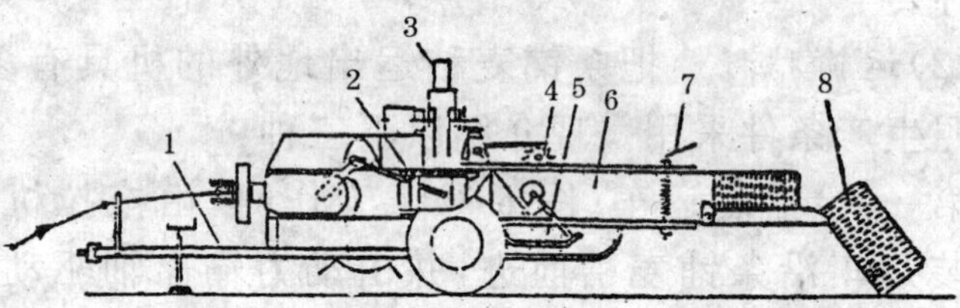

图 6-4 方捆机

1. 牵引架 2. 活塞 3. 输送喂入装置 4. 草捆长度控制装置
5. 穿针 6. 压缩室 7. 草捆密度调节装置 8. 草捆

第三,捡拾压垛车(图 6-5)。采用捡拾压垛车集垛不须打捆。捡拾压垛车,由拖拉机牵引沿条铺麦秸前进,并由动力输出轴驱动工作部件工作。作业时,秸秆被捡拾和抛送至车厢内。当车厢内装满秸秆后,操作液压机构使车厢顶盖向下运动，压紧车厢内的秸秆，使其体积变小。再升起车厢顶盖后继续捡拾、抛送秸秆进入车厢内，重复压缩数次后形成紧实的草垛。装满后运到适当地点，操作车厢底部的传送链板把草垛卸出。当草垛开始落地时，拖拉机缓慢前进，使整个草垛全部落地。

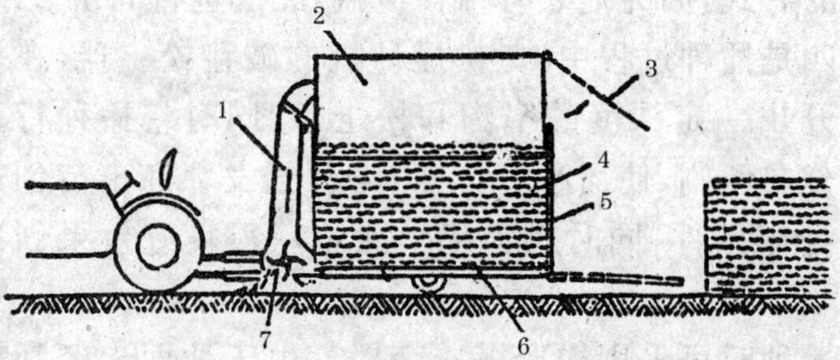

图 6-5　捡拾压垛车

1. 风送导管　2. 压缩顶盖　3. 顶盖后门　4. 车厢　5. 车厢后门　6. 卸垛链板输送器　7. 链枷式捡拾输送器

3. 免耕覆盖播种技术　免耕覆盖播种是在秸秆覆盖的未耕地上直接播种，工作条件恶劣，难度大。因此，具有性能良好、坚固结实的免耕覆盖播种机是实现免耕覆盖播种的关键。

作业过程中，容易造成免耕覆盖播种机的堵塞，同时对机手的操作也有较高的要求。因此，要做好以下几点：

一是保证免耕播种机的良好技术状态和正确调整。正式播种前应认真进行试播，在试播过程中发现问题和解决问题，以保证正式播种的顺利进行。

二是免耕播种时，种子直接播在地表内，不像耕翻播种可以播在翻耕过来的湿土中。因此,免耕覆盖播种前必须浇好麦黄水(小麦收获前浇水),或有条件时播后进行喷灌,以保证土壤有足够的水分。

三是免耕覆盖播种必须采用精量播种,并保证所播种子的质量,达到一播全苗。不能采用条播待出苗后再间苗的后式,因为地表有秸秆覆盖,无法进行间苗。

四是播种过程中,免耕播种机的破茬松土器,在播种行上开出一定深度的窄沟和松土带,同时将播种行上的秸秆分向两侧,使播种行干净,为种子发芽和出苗创造良好的种床条件,同时也为化学除草获得良好效果创造条件。

播种时可采用梭形播或套播。由于地面未经翻耕又有秸秆覆盖,因而无法使用划行器。可在拖拉机前部安装指印器,根据上一趟所播的边行痕迹行进。若田间有灌水畦埂,则可将灌水畦埂为标志进行播种,就不必安装指印器。

五是播种过程中要随时保证播种质量。播种应达到的质量是粒距均匀,播种深度一致,种子和土壤密接,并有一定的压实程度,以提高田间出苗率。

六是由于秸秆覆盖免耕播种的作业条件差,为了保证播种质量和顺利播种,必须加强拖拉机手与农具手的相互配合。拖拉机手在作业中除了要注视前方保证播行直和邻接行正确外,也要兼顾后面,并与农具手建立可靠联系,发现问题可以及时停车,共同排除故障。

4. 种肥技术 免耕播种因不进行播前耕地,而无法施用基肥，因此播种的同时必须施种肥。种肥一般为复合的颗粒肥料，采用具有施肥装置的免耕播种机与播种同时进行，但种肥的深度应比种子深度稍大一些。

5. 化学除草技术 常用的除草方式有机械除草和化学除草。由于免耕覆盖播种地块未经耕作并有大量覆盖的麦秸，如采用机械中耕除草，不仅难以耕作，而且会破坏地表的覆盖层，失去覆盖免耕法的许多优越性，因此必须应采用化学除草。化学除草具有除草及时、省工和高效等优点。一般使用喷杆式喷雾机在播后全面喷洒除草剂，进行土壤处理。国外也多采用播种、喷药联合作业，在播种的同时喷洒除草剂。

由于免耕地的杂草种子大部分集中在地表层，萌发整齐，有利于除草剂一次性防除。当土壤潮湿或喷药后进行喷灌或遇雨，对于发挥药效更加有利。因此，在麦收前应浇好麦黄水，以保证良好的底墒，这不但有利于保证全苗，而且可以提高除草的效果。

化学除草是一项有一定难度的新技术，必须认真对待和正确掌握，否则达不到应有效果，造成免耕播种的玉米因草害而减产，还容易使下茬麦苗受到药害。化学除草技术主要包含除草剂使用、喷杆式喷雾机及其正确调试与作业等。现分述如下：

(1)除草剂 除草剂种类很多，不同的作物、不同的杂草，施用不同的除草剂。因此，正确选择除草剂和用药量对提高除草效果非常重要。我国北方玉米田杂草防除常用的除草剂有莠去津、甲草胺、异丙甲草胺等，进行出苗前的土壤全面封闭处理。

莠去津为选择性内吸传导型土壤兼茎叶处理除草剂，其杀草原理是通过根吸收后抑制杂草的光合作用而灭草。常用的加工剂型为40%胶悬剂，在土壤中的残效期较长。

甲草胺为酰胺类选择性土壤处理除草剂，其杀草原理是通过种子、幼芽和幼根吸收后在杂草体内传导，抑制其生长及次生根的形成而灭草。常用的加工剂型为48%乳油，在土壤中的残效期为4～8周。

异丙甲草胺为选择性芽前土壤处理除草剂，其杀草原理是通过幼芽和根吸收后中毒死亡。常用的加工剂型为72%乳油，在土壤中的残效期为8～12周。

实际应用时，每667平方米的对水量应视土壤墒情和气象条件而定，若土壤墒情好或可能下雨，一般为30～40升/667米^2，若土壤墒情差应加大对水量。

(2)喷杆式喷雾机　一般为悬挂式，由药液箱、过滤器、液泵、调压安全阀、压力表、输液管、喷杆和喷头等组成(图6-6)。工作时，由拖拉机动力输出轴驱动液泵工作，药液箱内的药液经过滤器被吸入液泵，并以一定压力泵出，通过调压安全阀，一部分药液经输液管被压送到喷杆，再从喷头喷出；另一部分药液经安全阀从回液管流回药液箱，进行回流搅拌并维持稳定的喷雾压力。

喷洒除草剂的喷头为扇形雾喷头(图6-7)，以等间距安装在喷杆上，一般间距为50厘米。每个喷头以一定的偏角固定在喷杆上，使相邻雾面既能重叠又互不干涉。

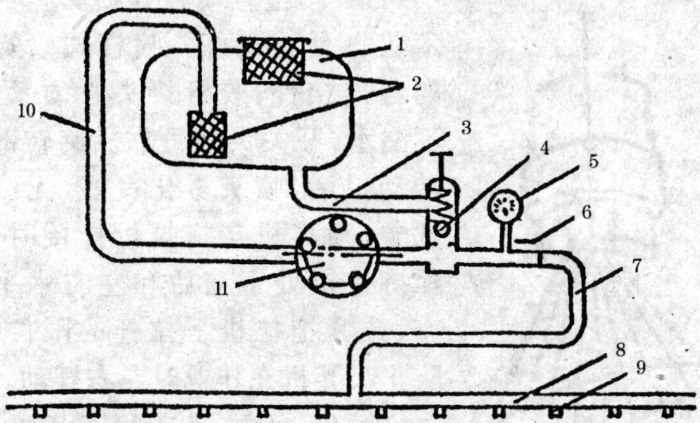

图 6-6　喷杆式喷雾机

1. 药液箱　2. 过滤器　3. 回液管　4. 调压安全阀
5. 压力表　6. 开关　7. 输流管　8. 喷杆
9. 喷头　10. 进液管　11. 液泵

每个喷头上都安装有防滴装置，以防止停喷时喷头滴漏药液而引起药害。因此，防滴装置的良好技术状态非常重要，否则容易产生药害。

(3)喷杆式喷雾机的正确调试　喷洒除草剂必须严格按照农艺要求，将规定的每667平方米施药量和对水量配成浓度合理的药液，准确地、均匀地喷洒到地面上。喷时要求准确就是既不多喷也不少喷；要求均匀，就是既不重喷也不漏喷。这样，才能达到最好的防治效果且不产生药害。如果略有疏忽，就必将引起草害或药害。因此，必须控制好药液浓度、喷头流量以及作业速度等。

喷杆式喷雾机在喷雾作业前，应做好以下的调试工作：

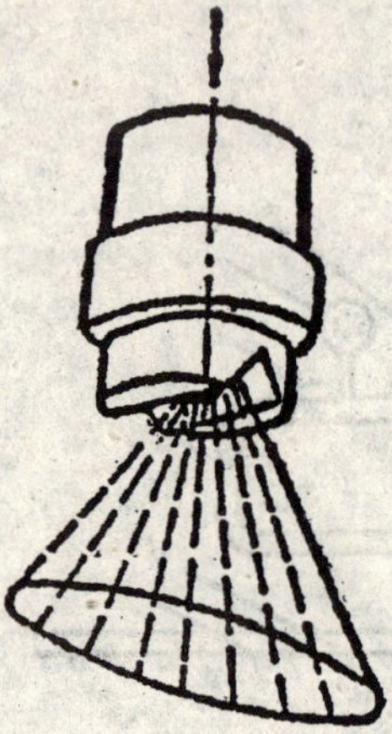
图 6-7　扇形喷雾头

第一，检查喷杆式喷雾机的技术状态是否良好。喷杆式喷雾机的各连接件、胶管接头必须紧固，不漏水，开关灵活可靠。旋转部件转动灵活，喷头雾化良好，无滴漏现象；喷雾机与拖拉机挂接时，应保持整机处于前后和左右水平状态，拉紧拖拉机下拉杆的限位链，防止喷雾机在作业时左右摆动。

第二，正确选择和安装喷头。喷杆式喷雾机上一般配备有 3～4 套不同规格、不同孔径的喷头，常以不同颜色和号码加以区分。喷孔直径大，其单位时间的喷量（即流量）就大，雾滴也较粗。应根据喷量的要求选择合适的喷头安装在喷杆上。同一喷杆上所有喷头的规格必须相同。为保证喷雾均匀，不重喷、不漏喷，相邻喷头喷出的雾面需有一定的重叠量，但又要防止两扇形雾面相互干涉撞击而引起较大的水滴，造成喷雾不均匀。喷头在喷杆上固定时，应使喷嘴的槽口稍有偏斜，使喷出的扇雾面与喷杆成 5°的偏角。必须注意每个喷头的偏角都应一致。

第三，测定喷头流量。为使每个喷头的流量一致，喷头安装在喷杆上后要用清水进行流量测定。测定时，运转喷雾机的液泵，将调压阀调至正常工作压力。为加强雾滴在秸秆覆盖层上的穿透能力，一般工作压力为 4～5

千克/厘米^2,用容器分别接取1分钟内各喷头的喷量。各喷头的喷量应均匀一致;各扇形雾面应雾化良好,扇雾角大小一致。对于喷量过大或过小的、雾化质量差的喷头,应予以更换。

第四,计算拖拉机作业的行驶速度。根据农艺要求的每667平方米喷量、喷杆式喷雾机的喷幅以及每个喷头的流量,可按下式计算出拖拉机的作业速度:

$$\text{拖拉机行驶速度(千米/小时)}=\frac{\text{喷头流量(升/分)}\times\text{喷杆上的喷头数}\times 40}{667\text{米}^2\text{喷量(升/667米}^2)\times\text{喷幅(米)}}$$

例如,当每667平方米喷的量,为40升,喷幅为10米,喷杆上共安装20个喷头,间距为50厘米,喷头流量为2.2升/分,工作压力为4千克/厘米^{2}时,即可算出其作业速度为4千米/小时。

实际工作时,拖拉机作业的行驶速度不能太高,一般不要高于4千米/小时。速度过高会使喷杆颠簸,造成离地高度和与地面平行度的不稳定,使喷雾不均匀。如果计算出的作业速度过高时,可以通过更换小流量的喷头或加大对水量以增大667平方米的喷量,从而降低作业速度。

第五,确定每次的加药液量。作业中,每次向药液箱内添加的药液量,必须符合所规定的每667平方米施药量和对水量的要求。

为此首先须根据药箱容积计算出每加一次药液能喷洒的趟数。考虑到每次都在地头同一侧加药,计算出的趟数应取偶数。趟数的计算公式如下:

$$\text{趟数}=\frac{\text{药液箱容积(升)}\times 667\times 0.8}{667\text{ 米}^2\text{ 喷量(升/667 米}^2)\times\text{每趟长度(米)}\times\text{喷幅(米)}}$$

式中，0.8 是考虑到每次加液时，药箱内必须存有 20％的剩余液量。因为液面过低会影响液泵的流量，甚至吸不上药液。

根据计算出的趟数，再计算出每次加液后能喷洒的面积。喷雾面积的计算公式如下：

$$\text{每次喷雾面积(667 米}^2)=\frac{\text{趟数}\times\text{每趟长度(米)}\times\text{喷幅(米)}}{667(\text{米}^2)}$$

根据每次喷雾面积即可确定每次应加药量和应对水量。计算公式如下：

每次加药量(克)＝667 平方米施药量(克/667 米^2)×每次喷雾面积(667 米^2)

每次加水量(升)＝667 平方米喷量(升/667 米^2)×每次喷雾面积(667 米^2)

(4)喷杆式喷雾机的正确使用　正确使用主要包含试喷、喷量校核、加液和过滤、喷杆离地高度和行走方法等。

①试喷：正式作业前必须用清水进行试喷，在试喷过程中，检查喷杆式喷雾机的各部分工作情况，若发现有漏水、堵塞、喷头雾化不良等问题时，则应及时排除。试喷中按照工作压力和所确定的行驶速度进行喷雾，并对喷雾量进行检查和校正，最后确定合适的挡位和手油门位置。试喷质量符合要求后才能正式作业。

实际试喷时，可以选一平坦而又干燥的水泥地或土地，按规定的喷雾压力和行驶速度喷洒清水，若喷洒后的地面均匀湿润，随即均匀而全部被蒸发，没有留下局部水迹，则表明喷洒质量良好，调试正确。

②校核：实际作业开始后，第一趟加药液时，应校对所喷出的药液量与喷洒面积是否相符。如发现误差时，应从喷雾面积、喷头流量以及行驶速度等几方面加以检查和纠正。

③加液和过滤：为保证喷雾质量并提高工效，加药液时必须严格过滤，防止杂质进入，造成喷头、阀门及管路等堵塞。即使很小的沙粒或其他杂质都很容易将喷孔的一部分或全部堵塞，使喷量减小、雾化质量变差甚至漏喷，从而影响除草效果。尽量避免中途停车清理或排除故障。这样既影响工效，又会因停车处喷头的滴漏引起严重药害。因此，在加药液时严格把关是关键，首先应选用清洁的水源。采用液泵进行加水时，吸水管进口处必须装有滤网。

加药液时，还应注意药液浓度的均匀一致。操作时，先将一定量的药剂放入水桶内，对水后混合成均匀的母液，经过滤后倒入药液箱中，再进一步加水混合均匀。稍有不均匀就会降低除草效果或导致秋后小麦麦苗受药害。

此外，提高加水效率也很重要。工作中，喷杆式喷雾机只要喷头不被堵塞，它的喷雾效率就是很高的。但是，往往由于加水距离远、设备不配套以及准备工作不充分等原因而影响除草的效率和效果。

④喷杆离地高度及与地面平行度：作业时，喷杆应平

行于地面并保持一定的离地高度，使地面受药量均匀一致。喷杆距离地面太近会造成漏喷；离地过高则加大了重喷幅度，且易受气流的影响而飘移，同时也减小了雾滴的穿透力。图 6-8 所示的上、中、下三个高度位置。当喷杆离地高度过低时（图 6-8a），相邻两扇雾面在地面搭接不上，造成漏喷。当喷杆离地面高度不够（图 6-8b），相邻雾面刚好在地面搭接，此时如机组在行进中喷杆略有倾斜或偏摆，就会造成漏喷。喷杆正确的离地高度应如图 6-8c 所示。

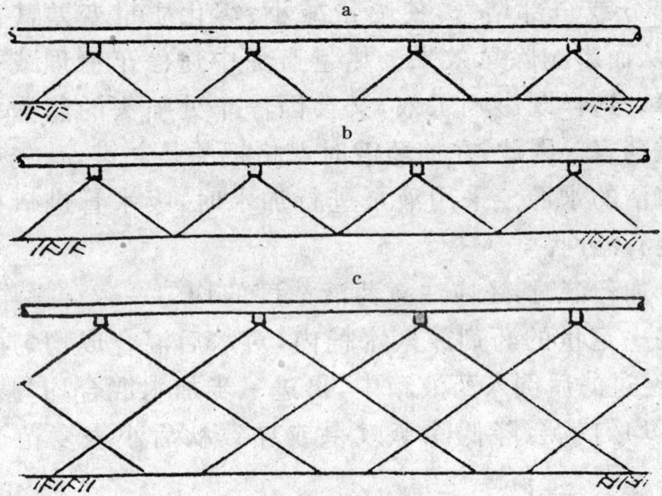

图 6-8 喷杆高度

实际应用中，当喷头的扇雾角为 110°、喷头间距为 50 厘米、喷杆离地高度应为 50 厘米时，地面受药量最为均匀。

喷杆与地面保持左右水平十分重要；若不水平，也就是改变了正确的离地高度，就会使喷量不均匀。此外，作业时应保持机组直线行驶的稳定性，防止左右偏摆引起喷杆在水平面内的前后摆动而造成喷量的不均匀。

⑤行走方法：喷雾作业一般采用梭形走法。为了保证两趟间的准确接行，作业前在地块两端按喷杆式喷雾机的工作幅宽，顺序插上标杆，作为作业行进的标志，以防止重喷和漏喷。

⑥喷雾作业的注意事项：作业过程中，应注意保持工作压力的稳定，并严格按照规定的行驶速度作业。任意改变行驶速度，必将带来地面受药量的变化，降低杂草防治的效果或产生药害。

若风速过大，则不宜作业。否则会造成药量不均，药液飘，从失而引起药害和污染。

作业过程中，应尽量避免中途停车，以免停车处因重喷和滴漏而引起药害。

若有喷头堵塞，则应卸下喷头进行清洗，但不能用铁丝等硬物疏通，以免损坏喷孔，引起喷量加大、雾化质量变坏。

工作时应防止液泵脱水工作，以免损坏液泵。

作业完毕后应放净喷杆式喷雾机药箱内的药液，并用清水喷洒几分钟，以清洗药箱、液泵、管路及喷头等喷雾系统，最后将水排净尽。

6. 防治虫害技术　免耕播种条件下，因土壤未经翻耕，存留在地表的虫卵容易孵化成成虫为害玉米，尤其是玉米黏虫的危害,最容易发生。

防治玉米黏虫的方法一般采用在喷洒化学除草剂时混喷杀黏虫的药剂,如黏虫灵等,可达到防治的目的。但玉米黏虫的发生有大年、小年之分。小年时,采用混喷黏虫灵的措施即可防治;大年时,在玉米生长期间会多次发生黏虫为害。这时拖拉机已无法进地,可采用人力手摇式喷粉器,在早晨有露水时全面喷施杀黏虫的粉剂,效果较好。

(三)四项注意

在完成上述六项技术的同时,还应注意以下四点:

1. 农机与农艺相结合 免耕覆盖播种技术是一项综合性新技术,既有农艺方面的问题,也有农机方面的问题,必须两者密切结合才能获得预期效果。

在农艺方面,应选择合适的土地(地面平整,排水良好,以沙壤土和壤土为宜,灌溉畦式应与免耕播种机的工作幅宽相适应),以保证播种时有足够的土壤水分;提供发芽率高(95%以上)、经精选和药剂处理的种子;施用复合颗粒种肥;选用合适的除草剂,以消灭播前麦田中的杂草;选用合适的杀虫剂,及时防治黏虫危害。

在农机方面,主要是切实保证所用机具处于良好的技术状态和牢固可靠,并按照农艺要求完成作业质量。

2. 秸秆铺撒质量 秸秆铺撒是免耕覆盖播种技术的第一道作业,也是顺利完成免耕覆盖播种的基础。如果铺撒在地面的秸秆过长,铺撒不匀,有成堆的秸秆,播种时势必堵塞免耕播种机的工作部件,不但影响播种效率,更为严重的是无法保证播种质量。所以，要认识到秸秆铺撒质量的重要性，并认真做好这项工作。

3. 农机手的培训　从事免耕覆盖播种工作的机手应经过认真培训。首先，要充分认识到免耕覆盖播种技术是一项综合性技术，因此要有全局观点，做好各项作业之间相互协调和配合工作。其次，要充分认识到在有秸秆覆盖的未耕地上进行播种时条件差、难度大的特点，因此，要提高操作水平，掌握免耕覆盖播种技术的操作方法。

4. 农机手的操作　一般播种作业时，播种机上都有农机手照看播种机的排种和排肥情况。因此农机手与播种质量的关系极大，必须经过培训并且自始至终负责到底，中途不应随便更换。实践证明，凡是这样做了的，播种质量就能得到保证，而且越播越好。免耕覆盖播种机上的农机手除了照看排种和排肥外，在作业中更要随时观察破茬松土器的秸秆分流情况，遇有秸秆堆积的前兆时应及时排除，防止因未及时排除而造成秸秆越积越多，甚至堵塞整台播种机，造成这种情况后再排除就很困难，必然耽误宝贵的农时。因此，农机手的责任心和经验也非常重要。

(四)一项关键

要达到免耕覆盖播种的“一播全苗，苗齐苗壮”的效果，最关键的措施是确保土壤墒情，因为免耕播种的种子是播在地表，墒情较差，容易造成土壤墒情不够而缺苗。实践证明，最好的办法是播后进行喷灌，既可保证土壤墒情，又可保证除草剂的药效，可谓一举两得。喷灌的水量应根据土壤墒情以及播后是否下雨而定。

思 考 题

1. 常用的耕作方式有哪些？每种耕作方式的主要标志是什么？

2. 秸秆覆盖免耕法的基本要点是什么？

3. 秸秆覆盖免耕法的主要优点和适宜条件是什么？

4. 夏玉米免耕覆盖种植机械化技术的三项作业是什么？

5. 夏玉米免耕覆盖种植机械化技术的六项技术是什么？

6. 怎样正确安装喷杆式喷雾机的喷头？

7. 怎样正确调试喷杆式喷雾机的喷雾均匀性？

8. 怎样计算喷杆式喷雾机作业时的行驶速度？

第七章 播种机具的维修保养和保管

播种机具作业的条件比较恶劣，操作人员的使用技术水平、专业知识和素质等差别较大。同时，作为一种生产工具，随着使用期限的延长，机械零部件也会因正常磨损而引起使用性能下降，影响到正常使用。所以，农业机械的使用管理不能缺少维修保养这个环节。

此外，播种机具因农时季节的关系，工作时间较短，每年大部分时间都处于停放状态。因此必须妥善保管。如果保管不好，其停放时期的损坏将大大超过使用时期的损坏，造成极大的浪费。实际工作中，农机人员比较重视拖拉机的保管，而忽视配套农具的保管。每当作业结束后，把配套农具扔在一边，无人负责保管，任其锈蚀、变形和零件丢失等。再度使用时，或勉强凑合进行作业，或需须重新检修，这样不是保证不了作业质量，就是白白地增加了作业成本。

一、维修保养

播种机具的维修保养大致可以分成两部分内容：一部分是技术保养。即农机手在使用机具的过程中，对机具能够做到的合理保管、日常检修、定期维护保养及正确的操作使用，这样可延长农机具的使用寿命，提高农机具的使用效果。另一部分是修理，即依靠农机手自身的条件和手段不能够解决的维修内容，如农机具主要部件损坏的修复或换件修理，就必须到专门的农机维修服务网点或站、厂，请专业人员完成。

（一）技术保养

配套农具的保养要按照“防重于治，养重于修”的原则，切实执行技术保养规程，严格按照使用说明书及当地农机管理部门规定的内容进行，确保农机具处于完好的技术状态。

配套农具要实行常年修理，做到三灵活（操作灵活、转动灵活、升降灵活）、五不（不旷、不钝、不变形、不锈蚀、不缺件）、一完好（技术状态完好）。

（二）修　理

目前，我国的农机产品维修服务可以划分为两种形式：一是农机产品制造厂商在各地设立的特约维修服务站（点），主要负责所产农机具的售后服务及换件修理等。二是农机主管部门会同工商管理部门核准的农机维修单位和修理专业户（发有专门维修技术合格证书）。

农民的农机具需要维修服务时，首先应考虑到厂商的特约维修服务站（点）去进行维修，其次考虑去找具有维修技术合格证书的修理服务单位或专业户去维修。若发生修理质量纠纷，只要是在获证单位（或个人）修理的，一般都能得到圆满解决。须要提醒的是，农机具须要维修服务时，不要找无证的修理服务单位或个体户。

农机维修者必须依照农机维修技术标准进行维修，

保证维修质量。农机维修技术标准由省农机管理部门制定，报省技术监督部门备案。农业机械维修收费标准，由省物价部门会同省农业机械管理部门制定。

农机维修实行保修期制度，动力机械保修期不少于 6 个月，其他配套农具保修期不少于 3 个月。在保修期内正常使用情况下出现修理部位质量缺陷的，农机维修者应当负责返修，给用户造成损失的应当给予赔偿。

特别要强调提出的是，当农业机械出现了故障时，要及时进行排除和修理，绝不能因为怕花钱而让机器带病作业。请农机手记住，这样做是很危险的，若等事故发生了，后悔也来不及了。所以，农机具使用中发现异常情况后，要立即停机，查明原因并确认已排除后，方能重新投入生产进业。农机手遇到自己排除不了的故障，要找专业人员帮忙解决和修理。

二、播种机的维护保养

(一)班次保养

①清理播种机各处泥土和杂物。

②检查播种机各处紧固情况。

③为播种机各润滑部位加注润滑油。

④停放时，要落下播种机的工作部件并放平。

(二)作业过程中的维护

①随时监视、监听播种机的工作状态，如发现异常情

况或异常声音，应立即停车检查及排除。

②随时清理开沟器、传动机构、行走轮（地轮）等处的泥土和杂草等物。

③注意观察种子箱，严防布条、绳头、石块或铁屑等杂物进入排种器。

（三）存 放

①存放前，要彻底清除播种机各处的泥土和杂草等物。冲洗种子箱、肥料箱，晾干并涂防锈剂。

②对播种机脱漆处应涂漆。对损坏或丢失的零部件，要修好或补齐。

③传动部分及润滑嘴均应清洗干净，各润滑部位均应加足润滑油，链轮、链条要涂油存放，对各种弹簧应调整到不受力的自由状态。

④放置时，应将播种机垫平放稳。

三、播种机具的保管

①要建立和健全农机保管制度，认真执行。各种农机具在保管前必须认真检查，清理干净，进行保养和修复。保管期间，要防止乱拆、乱卸，以免造成零部件丢失和损坏。

②建造露天农具停放场时，存放场地应选择地势较高、地形平坦、出入方便、排水良好的地方，并用棚布对农具加以遮盖，防止因雨季积水和淋雨而发生锈蚀。

③建造必要的农具库或有顶盖的农具棚等，用于放

置农具上的木制品、橡胶制品、发动机以及不宜在露天停放的农具。

④田间作业完毕后，必须清除外部泥垢、农药和作物残株，必要时用水或油加以清洗，尤其要清洗各润滑部位，并重新进行润滑。开沟器和调节丝杆等外露部分必须擦净后涂机油。油漆脱落的农抹机具，保管前应重新涂漆。

播种机应停放整齐、平整，工作部件应处于降落位置，防止因放置不平或因受力不均而变形。

⑤归纳起来，播种机具在闲置期间的保管主要应做到以下“五防”：

第一，防锈蚀。始终保持停放场地的干燥，防止积水。与地面直接接触的工作部件如开沟器、镇压轮等，应用木板或砖支起；脱落的防护漆要重新涂好。

第二，防腐朽、霉烂。露天保管时应经常保持涂油，防止因雨淋、日晒而以生腐朽、破裂和变形。

第三，防老化。橡胶或塑料制品由于受空气中的氧和阳光中的紫外线作用，易老化变质，使橡胶件的弹性变差，容易折断。对橡胶件的保管，一定要放在室内的架子上，用纸将其盖好，保持通风、干燥及不受阳光直射。

第四，防变形。有些零部件由于长期受力或放置不当，会产生塑性变形，因此应在机架下面加以适当的支撑，使之不受外力的影响。

第五，防丢失。对长期停放的播种机具应建立登记卡，详细记载播种机具的技术状态、附属装置、备件和工具等;各种播种机具应有专人保管;严禁拆卸零件挪作他用;如没有库房,播种机具在室外停放时,则应将容易丢失的零件拆下来,并做好标记,存放在室内。

思考题

1. 播种机具维护保养要求的“三灵活”、“五不”、“一完好”的具体内容是什么?

2. 为什么要强调播种机具保管的重要性?

3. 播种机的保养有哪些内容?

4. 播种机的存放应注意哪些事项?

5. 播种机具保管期间“五防”的具体内容是什么?

第八章　拖拉机的正确使用

前面讲述了播种机的构造、调整、良好的技术状态等正确使用和操作等知识和技术，但是要播好种除了播种机本身的良好技术状态和正确使用以外，拖拉机的正确使用也是不可或缺的重要因素。因为播种作业时，播种机都需要由拖拉机牵引才能进行工作，何况播种操作手在播种时也需要驾驶拖拉机才能完成作业。如果播种操作手对拖拉机使用不当，不能正确发挥拖拉机的动力性能和经济性能，作业中故障不断，则不但无法保证播种质量，而且必然会降低作业效率，增加作业成本等。因此，播种操作手除了正确使用播种机具以外，也要掌握正确使用拖拉机的知识与技术。

一、农用拖拉机的主要组成及其工作装置

农用拖拉机的类型主要有履带式拖拉机、轮式拖拉机、手扶拖拉机等，其中以轮式拖拉机使用最为广泛。现以轮式拖拉机为例说明其主要组成及其工作装置。

（一）轮式拖拉机的主要组成

轮式拖拉机主要由发动机、传动系、行走系、转向系、制动系和工作装置等五个基本部分组成（图 8-1）。

农用拖拉机的发动机都为柴油机，它是拖拉机的动

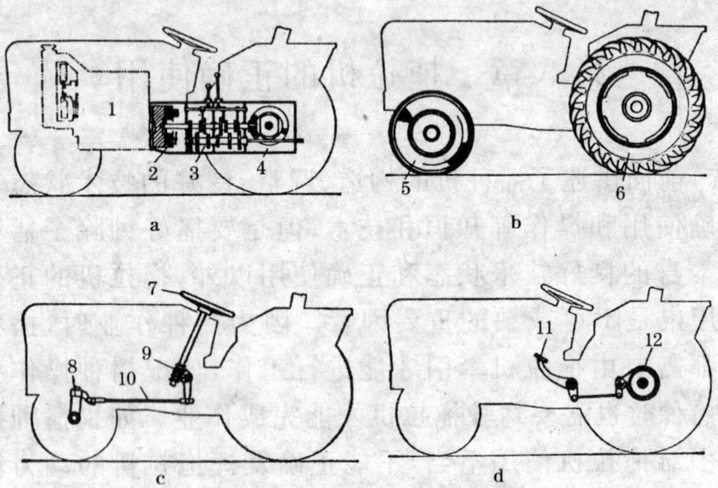

图 8-1 轮式拖拉机的主要组成

a. 传动系 b. 行走系 c. 转向系 d. 制动系
1. 发动机 2. 离合器 3. 变速箱 4. 后桥 5. 前轮(导向轮)
6. 后轮(驱动轮) 7. 方向盘 8. 转向节立轴 9. 转向器
10. 纵拉杆 11. 踏板 12. 制动器

力来源。

传动系(图 8-1a)的功能是把柴油机的动力传递到拖拉机的驱动轮,使驱动轮得到合适的转速和转动的力量。

行走系(图 8-1b)主要是拖拉机的前轮和后轮。

转向系(图 8-1c)主要有方向盘、转向器、转向拉杆和转向节立轴等组成,用以控制拖拉机的行驶方向。

制动系(图 8-1d)主要由制动踏板和左右制动器组成,踩下踏板,可以迫使驱动轮迅速降低转速或停止转动。

(二)农用拖拉机的工作装置

拖拉机的工作装置用以保证拖拉机与各种农具的正

确配组和动力传递。图 8-2 表示农用拖拉机与配套农具的几种工作方式,即牵引式、固定式和悬挂式。

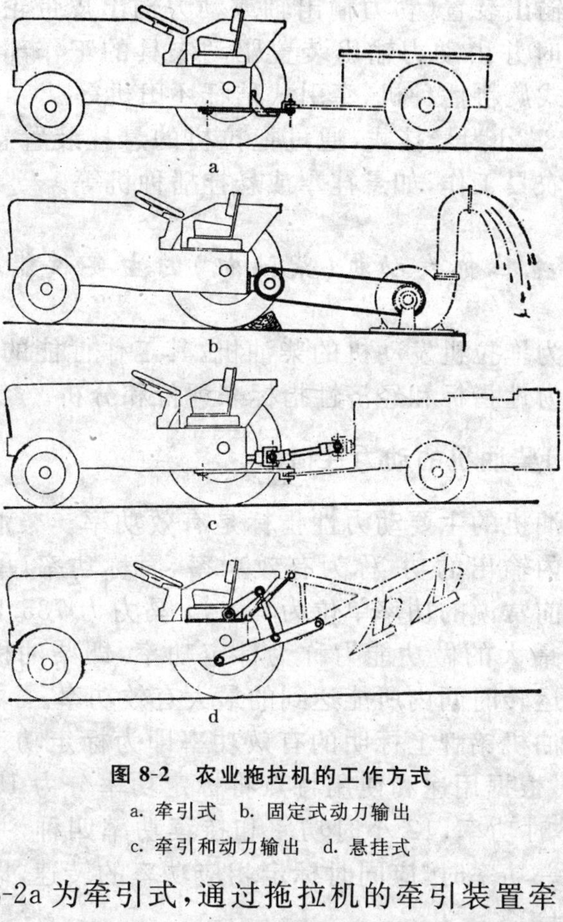

图 8-2　农业拖拉机的工作方式

a. 牵引式　b. 固定式动力输出

c. 牵引和动力输出　d. 悬挂式

图 8-2a 为牵引式,通过拖拉机的牵引装置牵引各种牵引式农具工作,如农用拖车,牵引犁或播种机等。

图 8-2b 为固定式动力输出,通过拖拉机的动力输出装置(动力输出轴或动力输出皮带轮)驱动固定式农具工

作，如水泵或脱粒机等。

图 8-2c 为牵引和动力输出，通过拖拉机的牵引装置和动力输出装置（动力输出轴或动力输出皮带轮）牵引农具的同时并由动力输出装置驱动农具的工作部件工作，如牵引式旋耕播种机，牵引式秸秆还田机等。

图 8-2d 为悬挂式，通过拖拉机的悬挂装置悬挂各种悬挂式农具工作，如悬挂犁或悬挂播种机等。

二、拖拉机发动机（柴油机）的主要性能指标

作为拖拉机发动机的柴油机，其工作性能的好坏，主要用动力性指标和经济性指标来评价和分析。

（一）柴油机的动力性指标

柴油机的主要动力性指标是有效功率。柴油机在单位时间内输出的功，称为有效功率，简称功率，单位为千瓦。以前常说的功率单位为马力，1 马力为 735.5 瓦。柴油机的最大的做功能力称为标定功率，即柴油机在规定的连续运转时间内所能达到的最大有效功率。

柴油机铭牌上标明的有效功率即为标定功率。国家标准中，根据用途和使用特点将标定功率分为 15 分钟功率、1 小时功率、12 小时功率和持续功率四种，并规定在标定某一功率时，应同时标定相应功率的转速，即标准转速（转/分）。

（二）柴油机的经济性指标

柴油机的经济性指标包括柴油消耗量和柴油消耗

率。

①柴油消耗量，又称耗油量，单位为千克/小时。

②柴油消耗率，又称耗油率，表示内燃机每千瓦小时所消耗的柴油量(克)。采用耗油率来评价柴油机的经济性是最为合理的，通常在说明书中标明最大有效功率时的耗油率。

(三)柴油机在不同负荷情况下的动力性和经济性

①当柴油机在额定负荷的情况下工作时，柴油机的动力性和经济性最好。因此，在作业中应使拖拉机尽可能在接近额定负荷的情况下工作，通常把配套农具所需的功率匹配在柴油机额定功率85%～90%的范围内最为合适。

②柴油机在轻负荷的情况下工作时，也就是负荷不足时，柴油机的功率不能充分发挥出来，此时的动力性和经济性都不好。因此，不应使拖拉机长期处于轻负荷情况下工作，也就是“大马拉小车”，造成极大的浪费。

在实际工作中，可以增加配套农具的工作幅宽、提高拖拉机的行驶速度、采用联合作业机组或复式作业机组以提高作业效率等方法，使柴油机在接近额定功率的情况下工作，改善柴油机的动力性和经济性。

有时在生产中因受地块大小、土壤状况、农业技术要求等原因的影响，不能采用增加农具工作幅宽或机组工作速度，也不需要采用联合作业或复式作业，这时可以采用“高挡中油门”的办法，也就是通过降低柴油机的转速以减少耗油量。

③柴油机在超负荷的情况下工作时，转速低，功率下降，而耗油率反而上升，只要稍为加大一点油门就会因燃烧不完全而使排气管冒黑烟，甚至使柴油机灭火，俗称“憋灭”。所以拖拉机也不应长期处于超负荷的情况下工作，也就是“小马拉大车”，同样不能获得最好的动力性和经济性。

④柴油机在空转的情况下，功率为零而耗油率最高，最不经济，所以在作业中应尽量防止长时间空转。

三、改善拖拉机的附着性能

(一)拖拉机的附着性能

拖拉机牵引农具进行作业时，拖拉机的驱动轮在地面滚动时对土壤产生作用力，这时土壤对拖拉机驱动轮的作用力会产生反作用力。如果土壤的反作用力足够大，拖拉机就能牵引农具向前行驶。如果土壤的反作用力不够大，拖拉机的驱动轮就会产生滑转的现象，俗称打滑。

拖拉机驱动轮对土壤产生的作用力越大，土壤由此而产生的反作用力也越大。拖拉机驱动轮对土壤作用力的大小，一方面决定于拖拉机柴油机的有效功率，另一方面也受到土壤条件的限制。只有在一定范围内，拖拉机驱动轮对土壤的作用力增加，土壤的反作用力也随之增加。当拖拉机驱动轮对土壤的作用力增加到一定程度时，土壤状况被破坏，土壤的反作用力不能再随之增加，拖拉机驱动轮便产生打滑。这就是说，拖拉机驱动轮对土壤作用力的大小除了受柴油机的有效功率限制以外，还要受到土壤所能产生反作用力的限制。但拖拉机本身的条件如拖拉机重量、驱动轮大小、轮胎气压和轮胎花纹等，也会影响土壤产生反作用力的大小。这种使土壤产生反作用力大小的性能，称为拖拉机的附着性能。

拖拉机的附着性能与拖拉机的附着重量有关，还与土壤的干、湿程度和质地有关。

两轮驱动拖拉机的附着重量约为整机重量的 2/3，四轮驱动或履带式拖拉机的附着重量为整机重量。

拖拉机在干土地上比在湿土地上作业时的附着性能好，在黏重土上比在沙土上作业时的附着性能好。

（二）改善拖拉机附着性能的方法

1. 增加拖拉机驱动轮的重量　最常用的办法是在驱动轮上加配重铁。配重铁通常分为几块，这样可根据土壤条件加、减配重铁，同时安装也比较方便。

有条件时，采用四轮驱动的拖拉机进行耕地，有利于调高拖拉机的动力性和经济性。履带式拖拉机的附着性能也是很好的，在沙土地或湿土地上耕地时，远比轮式拖拉机的动力性和经济性高。

2. 提高拖拉机驱动轮对土壤的抓着能力　最常用的办法有：一是保持轮胎花纹的完整，不要继续使用已磨平的轮胎进行田间作业。二是适当降低拖拉机驱动轮的充气气压，以增加其接地面积。三是采用双驱动轮，既能提高拖拉机的附着性能，也减小了驱动轮的接地压力，避免过分压实土壤。这一优点在已耕地上进行播种作业时尤为显著，否则被拖拉机驱动轮压出较深的轮辙，不但影响播种质量，也会降低灌水的均匀度。四是在水田中则采用镶齿铁轮、高花纹轮胎或在轮胎外加装加宽圈等办法。

实际工作中，应注意有两种情况都会引起拖拉机的驱动轮打滑，这就须要结合柴油机的工作情况来判断是否为拖拉机附着性能的问题。一种情况是拖拉机驱动轮打滑，但柴油机仍正常运转，不变声，转速不降低，排气管也不冒黑烟，说明土壤所能产生的反作用力不够，限制了拖拉机动力性能的发挥，此时应设法改善拖拉机的附着性能。反之，如果拖拉机驱动轮也打滑，而且柴油机变声，运转不正常，转速降低，排气管冒黑烟，甚至"憋灭"，则说明农具阻力过大，拖拉机的功率不够，与拖拉机的附着性能无关。这时，应换挡或减小农具的工作深度。

四、拖拉机的液压悬挂系统、悬挂农具的悬挂方式和工作深度的调节方法

(一)拖拉机的液压悬挂系统

拖拉机的液压悬挂系统主要由液压系统、悬挂机构和操纵机构三部分组成。液压悬挂系统又分为分置式、半分置式和整体式三种类型，其中以分置式应用最多。悬挂农具的工作深度的调节，随液压悬挂系统类型的不同而不同。

拖拉机的悬挂机构用于连接悬挂农具，主要由左右提升臂、左右提升杆、上拉杆和左右下拉杆等组成(图 8-

3)。提升杆的长度可以调整,但有的拖拉机只能调整右提升杆的长度。提升杆下端与下拉杆的连接有单孔和长槽孔两种。长槽孔适用于宽幅农具如播种机,以提高其对不平地面的左右仿形性能。上拉杆可以通过调节螺杆使其伸长或缩短来调节农具的前后水平。

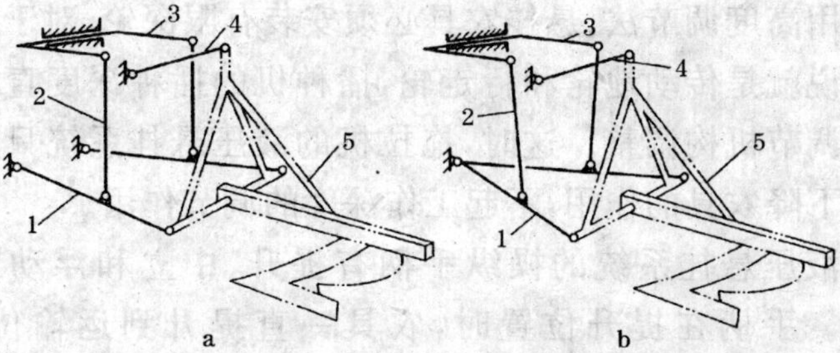

图 8-3　拖拉机的悬挂机构

a. 三点悬挂　b. 两点悬挂

1. 下拉杆　2. 提升杆　3. 提升臂　4. 上拉杆　5. 悬挂农具

(二)悬挂农具的悬挂方式和工作深度的调节方法

1. 悬挂农具的悬挂方式

悬挂农具与拖拉机悬挂机构的连接方式有三点悬挂和两点悬挂,如图 8-3 所示。三点悬挂方式的农具相对于拖拉机的摆动量小,一般在中、小型拖拉机上广泛采用。两点悬挂方式的农具摆动量大,适用于大功率拖拉机牵引重型农具如铧式犁进行耕地作业。

2. 工作深度调节方法

根据拖拉机液压悬挂系统类型的不同,悬挂农具工作深度的调节方法有三种,即高度调节方法、位置调节方法和力调节方法。悬挂式播种机主要应用高度调节法，牵引式播种机则应用位置调节法用以固定拖拉机牵引拖把的高度。为了对这三种调节法有全面的了解，现简述如下：

(1)高度调节法　分置式液压系统拖拉机上的悬挂农具采用高度调节法，悬挂农具必须安装有限深轮，对于播种机来说就是传动地轮和行走轮，播种机的播种深度直接由播深调节机构调整。这时，拖拉机的液压悬挂系统只起提升和下降农具的作用，不起工作深度的调节作用。

液压悬挂系统的操纵手柄有提升、中立和浮动三个位置。手柄在提升位置时，农具一直提升到运输位置。如果须要在提升过程中停留，则必须把操纵手柄放回到中立位置。手柄放在浮动位置时，农具下降到底。

播种时，液压操作手柄应放在浮动位置，拖拉机上液压系统的杆件可以自由地上下运动，这时播种机可随地形起伏。当播到地头升起播种机时，把手柄扳到升起位置；落下播种机时，把手柄放到浮动位置。

高度调节法在播种过程中利用地轮和行走轮的仿形作用，使播种机随地形的高低不同，相应地升高和降低，即在地面起伏和土壤阻力变化的情况下，能够得到近于不变的播深，因此播深稳定。

高度调节法适用于旱地的耕翻、播种等作业，而不适于水田作业。

高度调节法播种机的传动地轮和行走轮承受了大部分农具的重量和土壤的阻力，增加了拖拉机的牵引阻力。

同时，从拖拉机的牵引性能来看，高度调节法不能利用农具的重量和土壤对农具的阻力，来增加拖拉机驱动轮的附着重量(通常称为重量转移)以改善拖拉机的附着性能。这个矛盾在中小型的轮式拖拉机进行耕地作业时显得更为突出。

(2)位置调节法　分置式液压系统拖拉机上的悬挂农具也可以采用位置调节法。例如采用悬挂犁耕地，此时悬挂犁上无须安装限深轮，农具可保持所需要的耕深并与拖拉机形成刚性连结。

耕地过程中，农具下降到所需的耕深后，把操纵手柄放回到中立位置，可保持此耕作深度不变。

采用位置调节法可以利用悬挂农具的重量和土壤对农具的阻力，来增加拖拉机驱动轮的附着重量，使附着力增加，从而改善拖拉机的附着性能。

但在耕地过程中，拖拉机牵引阻力的变化将使柴油机负荷不均匀，在地面起伏不平的条件下工作时，农具的耕作深度受到拖拉机上下颠簸的影响，不能保证耕作质量。当遇到坚硬的障碍物时，易于损坏农机具。因此，位置调节法只适用于较平整的旱地和水田作业。

牵引式播种机必须采用位置调节法。此时，首先用拖拉机悬挂机构的限位链把左右下拉杆固定，不使其左右摆动。然后连接牵引式播种机，通过液压机构的操作手柄提升或下降悬挂机构的牵引拖把，使播种机达到前、后水平，把操纵手柄放回到中立位置，保持此位置不变。

(3)力调节法　整体式液压系统拖拉机上的悬挂农

具采用力调节法。播种机基本不用,主要用于悬挂犁的耕作。此时,悬挂犁上无须安装限深轮,农具的耕深是利用农具在耕作中所受阻力的变化来自动调节的。

液压系统操纵手柄的位置反映了农具被拖拉机液压系统所控制的耕作深度。操纵手柄如放在下降段,农具下降到底;手柄在下降段的不同位置,反映了在土壤阻力均匀的情况下,农具的不同耕深位置。同时,手柄固定在某一下降位置后,可使农具保持稳定的耕深。只有在土壤比阻发生变化时,农具耕深才随之变化。

操纵手柄位置越向下,则耕深越深;反之则耕深越浅。只要土壤的土质比较均匀,采用力调节法进行耕作时,拖拉机柴油机的负荷比较均匀,同时农具的耕深也能保持均匀一致。

采用力调节法由于农具没有限深轮,农具悬挂在拖拉机上同位置调节法一样,可以利用悬挂农具的重量和土壤对农具的阻力,来增加拖拉机驱动轮的附着重量,使附着力增加,从而改善拖拉机的附着性能。这对中、小型的轮式拖拉机来说是很重要的。

力调节法主要适用于耕地作业,只要在地面平坦、土质变化不大的土壤条件下,是能够保持耕作深度均匀一致的。同时,在易陷地区耕作时,不至于出现越耕越深以至陷犁的现象。

若在土壤土质变化大的地块上作业,则不能自动保证一致的耕深。这时农具的耕深随土壤阻力的不同而自动地变化。阻力大,耕深变浅;阻力小,耕深增加。

五、拖拉机的试运转

凡是新购进的或是大修后的拖拉机，在正式作业前必须进行试运转。那么为什么要进行试运转呢？这是零部件的磨损规律所决定的。柴油机和拖拉机在工作过程中，由于零部件的相对运动，就会发生摩擦，从而造成磨损，由此可知零部件的磨损是不可避免的。但是，在使用过程中可以通过技术维护，最大限度地减少磨损，延长拖拉机的使用寿命。

零部件磨损有其一定的规律性。一般分为三个阶段：第一阶段，因零部件的摩擦表面还存在机械加工的痕迹，表面比较粗糙，零部件相对运动时就会产生剧烈的摩擦，所以磨损量大。当摩擦表面磨平、磨滑后，使零部件之间的间隙达到一定值，这一阶段的时间较短，称为磨合阶段。第二阶段，由于零部件之间的摩擦表面虽已磨平、磨滑和平服，但也有一定的正常间隙。这时如果有良好的润滑条件，使得摩擦作用很小，零部件之间的间隙变化也很缓慢，这一阶段的时间就会很长，称为使用磨损阶段。第三阶段，由于零部件的间隙由正常值增加到极限值，这时如果继续使用，因零部件的间隙过大，不易保证正常润滑，零部件的磨损量迅速增加，造成零部件的损坏，使拖拉机发生故障，以至发生事故。这一阶段称为事故磨损阶段。

试运转也叫磨合。就是对新的或大修后的拖拉机在投入正式作业之前，采用逐步增加拖拉机的运转速度和负荷的方法，减轻零部件第一阶段即磨合阶段的磨损量，使零部件间的粗糙表面逐渐磨平、磨服，形成光滑的表面和正常的间隙，为正常使用和延长使用寿命打下良好的基础。如果不经试运转就投入正式作业，则必然增加第一阶段即磨合阶段的磨损量。这时，零部件磨平、磨服时的正常间隙增大，从而使第二阶段，即使用磨损阶段较快地达到零部件间隙的极限值，大大缩短零部件的使用寿命。而且一些不正常的情况和问题也不能在试运转阶段予以排除和解决。所以，试运转是十分重要的，必须由责任心强、技术熟练的专人负责进行。

拖拉机柴油机的磨合一般分三个阶段，即空负荷运转、轻负荷磨合和全负荷磨合，整个磨合时间约为 50 小时。磨合开始之前，应检查柴油机各零件的连接情况，油底壳、柴油箱和水箱是否按要求，分别加足机油、柴油和冷却水，并观察有无漏油、漏水、漏气现象。然后用手摇把转动曲轴，检查燃油供给系统的工作情况，倾听机器内部各部件是否有碰撞异声。在磨合过程中，更要注意倾听机器的声音，观察油压、水温是否正常。磨合完毕后，应趁热放出油底壳中的机油，清洗油底壳、曲轴箱及机油滤清器，并更换新机油；检查主轴承、连杆平衡块、缸盖、飞轮等处螺栓的紧固和锁紧情况；检查气门间隙，必要时加以调整。在整个磨合过程中应做好记录，以便今后对该机进行维护和检修时参考。

拖拉机的试运转规程在使用说明书中都有具体规定，应严格遵照执行。一般也分三个阶段，即拖拉机的空行试运转(由低挡到高挡)、拖拉机的轻负荷试运转和拖拉机的额定负荷试运转。在试运转过程中,对发现的问题应及时解决。试运输结束后按规定进行保养。

六、拖拉机的技术保养

拖拉机经过试运转后即可进入正常使用。在使用过程中,为了尽可能延长零部件的使用磨损阶段,消除导致拖拉机技术状态恶化的因素,预防故障和事故的发生,必须严格按照拖拉机说明书的规定进行技术保养。

拖拉机的技术保养内容主要是定期对各系统、各零部件进行清洁、清洗、检查、调整、紧固和润滑等,必要时更换已磨损、损坏或变形的零部件。

技术保养分为每班保养和定期保养,定期保养又分1号、2号、3号、4号保养。每班保养是在每班工作结束后进行,保养内容较少。1号保养是在每班保养的基础上相隔一定时间进行,并增加一些保养内容。2号保养是在1号保养的基础上相隔一定时间进行,并增加一些保养内容。3号、4号保养依此类推。各号技术保养的具体内容,在各种型号拖拉机的使用说明上都有具体规定。定期保养的周期可以按拖拉机的工作小时数、工作量或主燃油(柴油)的消耗量等计算,视具体情况而定。一般按工作小时数计算的较多。

为了保证严格执行技术保养规程,必须贯彻“防重于治,保重于修”的原则。工作越紧张,越要坚持和加强技术保养,克服“只使用不保养”、“用坏才修”等错误做法,忽视技术保养就会造成本来是小毛病也变成大毛病,本来是可以预防的故障也变成严重事故。所以，要认真做到按时、按号、按保养条例和按规定要求，保质保量完成技术保养。平时的每班保养是技术保养的基础，不能忽视。认真做好每班保养，可以及时发现问题，排除隐患，预防故障和事故的发生。

我国广大农机人员经过多年的实践，总结出了拖拉机技术保养的基本标准，即三不漏（不漏油、不漏水、不漏气）、四净（油净、水净、气净、机器净）和一良好（拖拉机技术状态良好）。

三不漏的不漏油、不漏水容易理解，无须赘述。其中不漏气主要指的是空气滤清器不能漏气，必须密封良好，保证进入拖拉机发动机汽缸的空气是干净的。

拖拉机发动机都是柴油机，工作时柴油燃烧需要大量的空气。理论上 1 千克柴油完全燃烧大约需要 15 千克的空气，实际工作时空气量比理论上还要多。而拖拉机在田间作业的环境条件十分恶劣，尘埃很多，一旦尘埃中的沙粒进入汽缸，黏附在汽缸、活塞等零部件的表面，加速这些零部件的磨损，就会引起拖拉机功率下降，减少使用寿命，必然增加成本。空气滤清器的作用就是把空气中的尘埃分离出去，如果空气滤清器有漏气的地方，那么含有尘埃和沙粒的空气就会从漏气处未经过滤直接进入汽缸，造成零部件的磨损，这是不允许的。所以一定要重视空气滤清器的保养，每班保养时应把空气滤清器彻底清洗干净，连接紧固严密，绝对不能漏气。若在尘埃多的环境下工作，应增加清洁空气滤清器的次数。

四净中的柴油净最为关键，因为柴油机工作时，柴油自油箱经油箱开关、低压油管进入柴油粗滤器。在粗滤器中，较大的机械杂质被清除。然后在输油泵的作用下通过柴油细滤器，在细滤器中再次清除掉细小的机械杂质后进入喷油泵。由喷油泵产生的高压柴油通过高压油管送入喷油器，经喷油器将雾化的柴油喷入汽缸的燃烧室内，与高温压缩空气相混合并燃烧。

喷油泵的功能是形成高压柴油并定时、定量地输送到喷油器。喷油泵的主要工作部件是柱塞和柱塞套，又称为柱塞偶件；出油阀和出油阀座，又称为出油阀偶件（图 8-4）。

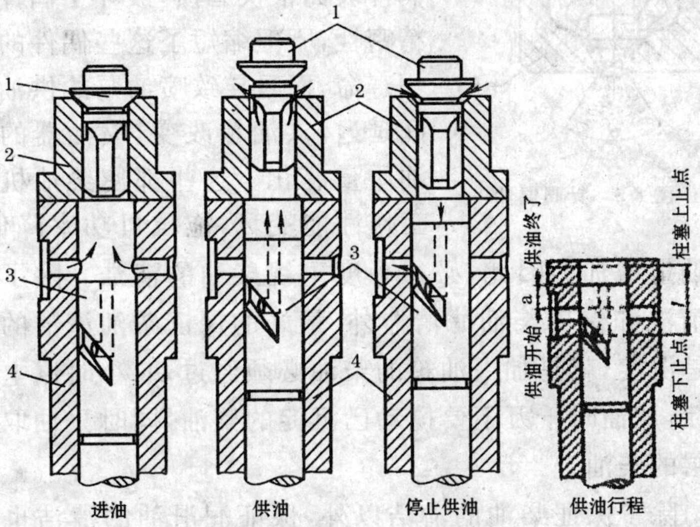

图 8-4　柱塞偶件和出油阀偶件

1. 出油阀　2. 出油阀座　3. 柱塞　4. 柱塞套

喷油器的功能是将喷油泵送来的高压柴油以一定的高压和雾状喷入汽缸的燃烧室，喷油器的主要工作部件是针阀和针阀体，又称为针阀偶件（图 8-5）。

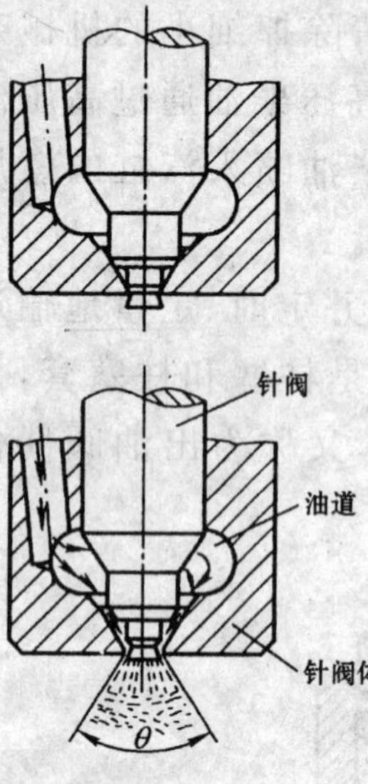

图 8-5　针阀偶件

上述柱塞偶件（柱塞和柱塞套）、出油阀偶件（出油阀和出油阀座）和针阀偶件（针阀和针阀体）是柴油机燃油供给装置的三对精密偶件，光洁度很高，配合间隙很小（只有 0.001～0.002 5 毫米）。若柴油不洁净，含有杂质，而柴油中的杂质大多是坚硬的细小颗粒，使偶件表面很快磨损，破坏了偶件的精密性，不但缩短了这些偶件的使用寿命，而且导致喷油泵的供油时间延迟，供油量改变，喷油器的喷油质量恶化。这些都使柴油机的工作性能变坏，拖拉机功率降低，耗油量增加。因此，必须高度重视柴油的清洁。除了定时清洗和保养柴油滤清器外，最好的保证柴油清洁的方法是沉淀，就是加入油箱的柴油必须经过 96 小时以上的沉淀，加油时千万不要搅动已沉淀的柴油，同时只抽取最上层的柴油。

除了保证柴油的清洁以外，保证润滑油的清洁也很重要。因为柴油机工作时，润滑油在各零部件相互摩擦的表面之间循环，形成油膜，减少零部件表面的摩擦力和零部件间的磨损。由于润滑油的不断循环,可以带走零部件摩擦表面产生的热量和因磨损产生的金属屑和污垢,从而减少磨损。同时,油膜还可起到密封和防锈蚀的作用。由此可以看出润滑油清洁的重要性。若润滑油不清洁,则不但起不到上述作用,而且更加剧了零部件的磨损。

保证润滑油清洁的关键,是定期认真地清洁机油滤清器。

七、拖拉机发动机(柴油机)常见故障的现象和产生原因

拖拉机在使用过程中,随着使用时间的增加,总会达到零部件的磨损极限。一旦零部件达到了磨损极限,就会随时发生故障。此外,操作或使用不当以及其他各种原因也会发生故障。播种操作手对故障产生的原因应有所了解,做到心中有数,以便采取相应措施解决。下面对拖拉机柴油机的常见故障现象和产生的原因加以叙述。

(一)汽缸内压缩力不足,启动困难

主要现象是:烧机油、排气管冒蓝烟,机油消耗增加,曲轴箱通气口处有大量烟雾状气体排出,柴油机动力下降。主要原因如下:

①汽缸套、活塞、活塞环磨损,在压缩行程时漏气,汽缸内压缩力不足,启动困难。

②活塞环因积炭、结胶卡死在环槽内,大多数是因为柴油燃烧不完全,烧机油或所用的机油质量不合格引起。

③活塞环对口，由于安装不正确或因汽缸套磨损失圆后活塞环自动调位引起。

④气门、气门座磨损或气门卡住不关闭造成漏气，使压缩力不足，但无烧机油、排气管冒蓝烟、机油消耗增加等现象。

(二)汽缸盖、汽缸体裂纹

主要现象是柴油机工作不稳定，功率下降，水箱内有气泡，油底壳机油中有水。

一般是因机体温度变化过激或受热不均造成的。主要原因有以下几个：

①先启动，后加水。这是错误的做法，应严格禁止。

②机温很高，水箱缺水时猛加冷水。正确的做法是加热水，无热水时应逐渐加入冷水。

③冬季机体温度很高时，就放尽冷却水。正确做法是应等温度降低后再放水。

④冬季冷却水套内结冰造成冻裂。冬季在没有保温条件、柴油机长时间不工作或过夜时应放尽冷却水。

⑤水箱内水垢过厚，散热不良，水过脏，水道堵塞造成机体局部过热而产生裂纹。

(三)柴油机烧轴瓦

主要现象是柴油机在运转过程中，突然冒一股黑烟，即自行灭火，再摇曲轴时很费力或摇不动，一般是破坏了正常的润滑条件。主要原因有以下几个：

①润滑系缺机油或机油质量不合格。

②机油滤清器和通往轴承的油道被杂物堵塞，轴承中缺少润滑油。一般是机油脏或未按时清洗机油滤清器造成。

③轴瓦间隙过小或过大。若间隙过大，会使润滑油漏掉，油压降低，润滑不良。若间隙过小，轴颈与轴瓦之间润滑油量不足也会烧坏轴瓦。

(四)喷油器不喷油

主要现象是摇转曲轴时，听不到喷油声，柴油机不能启动。主要原因有以下几个：

①油箱内油面过低，油箱盖通气孔堵塞。

②油路内有大量的空气或水；冬季采用不合格的柴油，柴油黏度大，造成柴油流动性差；柴油滤清器堵塞等。

③柱塞副或出油阀副严重磨损，供油压力下降。

(五)柴油雾化不良启动困难

主要原因是喷油器偶件磨损，喷孔磨大使油滴变粗，雾化质量变坏。

(六)排气管冒烟

排气管冒烟的颜色是判断柴油机工作是否正常的重要标志。

1. 排气管冒黑烟　说明柴油燃烧不完全，原因有以下几个。

①空气滤清器堵塞。

②气门间隙过大。

③气门、气门座磨损，汽缸、活塞环磨损。

④排气管积炭过多以致堵塞，废气排不尽。

⑤喷油器偶件磨损，喷油压力降低，柴油雾化不良。

⑥供油量过大。

2. 排气管冒蓝烟 说明发动机烧机油，原因有以下几个：

①空气滤清器内机油过多。

②油底壳内机油过多。

③汽缸、活塞配合间隙过大，活塞环对口，活塞环卡死。

3. 排气管冒白烟 说明柴油雾化不好，柴油机温度过低，柴油在汽缸内没有完全燃烧变成气体，或有水进入汽缸受热而变成水蒸气。原因有以下几下：

①燃油系统中有水。

②燃烧室内进水，如汽缸垫损坏，汽缸盖、汽缸体有轻微裂纹等。

③喷油器工作不正常，当排气一阵一阵冒白烟时，说明喷油器滴油。大量冒白烟，可能是喷油压力低，针阀卡死。

④刚启动时柴油机温度过低，运转一段时间后柴油机温度升高后就不再冒白烟

八、拖拉机的正确操作

拖拉机的正确操作主要是指起步，行驶，轮式拖拉机的轮距调整，挂接悬挂农具，拖拉机的作业和停车等。这

些都是使用最频繁也是最基本的操作。这些操作看似平常和简单，实际上也有正确和不正确的问题。操作不正确，同样会给拖拉机带来过度磨损而减少使用寿命，甚至发生故障而影响作业效率，有时还会产生重大安全事故。现分述如下：

（一）拖拉机的起步

当柴油机启动后，要经过一定时间的空运转，等待柴油机的水温和机油温度升高到规定值后，拖拉机才能起步。起步时，先将离合器彻底分离，将变速杆挂上所需要的挡位。起步前，应先观察周围有无其他人员和障碍，并鸣喇叭或发出信号，然后缓慢接合离合器，同时逐渐加大油门。待拖拉机开始移动后，再全部接合离合器。这样可保证拖拉机平稳起步。

（二）拖拉机的行驶

拖拉机的行驶由于情况不同，有正常情况下行驶和特殊情况下行驶之别。

1. 正常情况下的行驶　行驶过程中，机手必须始终精力集中，不要把脚经常放在离合器踏板或制动踏板上。

转向时，尽量避免猛转方向盘或猛拉猛踩转向器操纵杆和制动器（履带式拖拉机）做急转弯。必须急转弯时，应先降低行驶速度，同时也只能在没有挂接农具或拖车、周围没有其他障碍的情况下进行。

遇到障碍物或地面高低不平时，如不能绕过，则应降低速度行驶。牵引重负荷拖车上坡时，应提前选择好合适的挡位，并加大油门，防止上坡过程中的中途停车和变速而造成向后溜车。下坡时不允许分离离合器或空挡溜车。下陡坡时应挂入低速挡位，利用柴油机的制动作用。手扶拖拉机下陡坡时要注意用反向操作。履带式拖拉机下陡坡时也可用反向操作。如仍采用正向操作，则必须同时使用制动器。轮式拖拉机在公路上行驶时，左、右制动器踏板必须连结成一整体。

2. 特殊情况下的驾驶

(1)过沟渠　南方水田地区，沟渠较多，轮式拖拉机在工作中经常碰到。如沟渠不太宽，可以不填平，而用低速过沟，但最好使拖拉机与沟成一斜角，让一个前轮先过去，一后轮和另一前轮再过去，另一后轮最后过去。如若条件不许可(如小路上的小沟)，拖拉机只能对直通过。在操纵时，应先让前轮缓慢下沟，前轮下去后，加油门让前轮上沟，再关小油门降低速度使后轮缓慢下沟，下沟后加大油门使后轮上沟。这样，拖拉机便能平稳地过沟。如果沟渠宽度大，沟底深，坡度陡时，则应填平后再过，以避免造成陷车、翻车等事故。

(2)越过田埂　轮式拖拉机越过田埂时，当田埂高度小于 20 厘米，可按上述办法拖拉机与田埂成一斜角过去。如田埂稍高，不能成斜角过去，对直开又不安全时，这时可用倒车方法过田埂。

(3)在泥泞道路上行驶　下雨天轮式拖拉机在泥泞道路上行驶，应特别谨慎，因为有时前轮会滑移，失去导向作用。在这种情况下，一定要降低车速，掌握好方向盘。如发现转向失效，可用单边制动帮助转向，但要注意，不能制动过猛，须适当进行。如果发生侧滑现象，则应降低车速，可用方向盘将前轮向后轮滑走的同一方向进行修正。待侧滑现象消除后，再逐渐驶入好的路面。但要注意不能紧急制动，以免发生更大的侧滑现象，控制不住而引起严重事故。在倾斜的泥泞路上或上下坡时，只许低速行驶，不允许紧急制动。万不得已时，也只许缓慢地用发动机和制动器同时进行制动。有条件时尽量利用轮迹和较为干燥的地方行驶。

(4)陷车时　轮式拖拉机两驱动轮均打滑无法前进时，应立即停车；否则会越陷越深。根据具体情况，采取挖去虚土和在驱动轮下填木板、石头和树枝等物，必要时可先将农具卸下，再自行开出。如果情况严重，最好用另一台拖拉机将其拖出。

轮式拖拉机下水田，必须换装水田叶轮或高花纹轮胎。下田前先要查明泥脚深浅，对深坑、暗沟做出标志，避免打滑陷车。

(5)飞车时　发生“飞车”时，应根据当时情况立即采取以下措施：迫使柴油机灭火，然后再分析原因排除故障。灭火方法是：将减压手柄放到减压位置；拔下空气滤清器，堵死进气管；松开高压油管接头。

(三)轮式拖拉机的轮距调整

为了适应播种机工作幅宽的配套性，轮式拖拉机的前、后轮的轮距皆可调整。尤其是牵引中耕作物播种机工作时，拖拉机的前后轮必须位于开沟器之间，以免压实播行，影响播种深度。

前轮轮距的调整可通过伸长或缩短前桥上的横轴来调整。

除了前轮轮距的调整以外，还应注意保持前轮的前束。前轮的前束就是两个前轮的前端都向里收束一点，前轮的后端向外一点。两者相差因不同拖拉机而不同，一般为3～12毫米。可通过调整转向机构的横拉杆长度来调整前轮的前束（图8-6）。

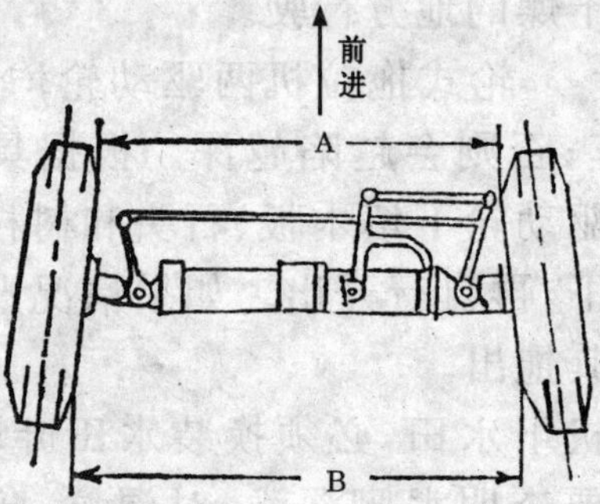

图8-6 前轮前束

A. 前轮前端的距离 B. 前轮后端的距离

前轮前束的功能是保证拖拉机行驶的直线性。

后轮轮距的调整方法可分为有级调节和无级调节2种。有级调节可通过翻转辐板和轮圈以及改变辐板与轮圈凸耳左、右侧连接位置，而得到不同的轮距。无级调节通常是将后轮轮毂在轮轴上轴向移动，以得到不同的轮距。由于轮轴长度的限制，轮距也只能在一定范围内无级调节。

(四)挂接悬挂农具

①挂接农具时,驾驶拖拉机缓慢而平稳地向悬挂农具倒退并与其平行。当接近农具时,一定要注意安全。挂接时,先连接左下拉杆,再连接右下拉杆,这样可以伸长或缩短右提升杆的长度,便于连接。然后连接上拉杆并调节至适当长度,最后各用锁销锁住。连接过程中,应避免用锤子敲击,以免把表面打毛,使下次连接困难。

②确认挂接可靠后,检查农具的升降是否正常。

(五)拖拉机的作业

作业过程中,应根据柴油机的负荷情况以及农业技术要求,选择合适的工作速度,并且保持以稳定的速度行驶。不要忽高忽低,以免影响播种质量。要保持正常的柴油机声音和排气管所排气体的颜色,防止超负荷作业。还应随时注意柴油机冷却水温度和机油压力等是否正常,发现异常情况应立即停车检查,排除故障后才能继续工作。在作业过程中,千万不能有侥幸心理而使拖拉机带病作业,这样做很容易酿成重大事故。

地头转弯时,为了减少地头宽度可以采用单边制动。

(六)拖拉机的停车

停车前,首先到达停放农具的地点卸下农具。农具的摆放位置应考虑到便于下次的挂接。再到指定的停车地点,减小油门,踩下离合器,再踩下制动器,使拖拉机平稳地停车。紧接着,将变速杆放在空挡,待柴油机低速运转几分钟，使水温、机油温度降低后再熄火。

拖拉机应停放在合适的位置，便于每台拖拉机都能单独启动、起步和出入。停放地的地面应平坦，使拖拉机处于放平状态，便于检查机油油面。露天停放要遮盖排气管口，以防下雨时进水。

思考题

1. 提高拖拉机的附着性能有哪些措施？

2. 为什么悬挂式播种机必须使用高度调节法的浮动位置？

3. 为什么新购的或大修后的拖拉机必须进行试运转？

4. 拖拉机技术保养要求的“三不漏”、“四净”、“五良好”的具体内容是什么？

5. 为什么要强调柴油净？保证柴油净的措施有哪些？

6. 拖拉机的正确操作有哪些内容？

7. 什么是“飞车”？发生“飞车”时应采取哪些措施？

8. 拖拉机挂接悬挂农具时的操作步骤如何？

附　录

附录一　每667平方米不同播幅、不同播种量的排种量(千克)

播种量（千克）	播幅（米）				
	1.2	1.5	1.8	2.1	2.4
2.5	0.7	0.9	1.0	1.2	1.4
3.0	0.8	1.0	1.2	1.4	1.7
3.5	1.0	1.2	1.4	1.7	1.9
4.0	1.1	1.4	1.7	1.9	2.2
4.5	1.2	1.6	1.9	2.2	2.5
5.0	1.4	1.7	2.1	2.4	2.8
5.5	1.5	1.9	2.3	2.7	3.0
6.0	1.7	2.1	2.5	2.9	3.3
6.5	1.8	2.2	2.7	3.1	3.6
7.0	1.9	2.4	2.9	3.4	3.9
7.5	2.1	2.6	3.1	3.6	4.1
8.0	2.2	2.8	3.3	3.9	4.4
8.5	2.3	2.9	3.5	4.1	4.7
9.0	2.5	3.1	3.7	4.3	5.0
9.5	2.6	3.3	3.9	4.6	5.2
10.0	2.8	3.4	4.1	4.8	5.5
10.5	2.9	3.6	4.3	5.1	5.8
11.0	3.0	3.8	4.6	5.3	6.1

续附录一

播种量（千克）	播幅（米）				
	1.2	1.5	1.8	2.1	2.4
11.5	3.2	4.0	4.8	5.6	6.3
12.0	3.3	4.1	5.0	5.8	6.6
12.5	3.4	4.3	5.2	6.0	6.9
13.0	3.6	4.5	5.4	6.3	7.2
13.5	3.7	4.7	5.6	6.5	7.5
14.0	3.9	4.8	5.8	6.8	7.7
14.5	4.0	5.0	6.0	7.0	8.0
15.0	4.1	5.2	6.2	7.2	8.3
15.5	4.3	5.3	6.4	7.5	8.6
16.0	4.4	5.5	6.6	7.7	8.8
16.5	4.6	5.7	6.8	8.0	9.1
17.0	4.7	5.9	7.0	8.2	9.4
17.5	4.8	6.0	7.2	8.5	9.7
18.0	5.0	6.2	7.5	8.7	9.9

注：播种机行走轮直径为1.22米，转动20圈后全部排种器的排种量

附录二　每667平方米不同播量、不同千粒重的米间落粒数

播种量	千粒重(克)						
(千克)	25	26	27	28	29	30	31
2.5	22	22	21	20	19	19	18
3.0	27	26	25	24	23	22	22
3.5	31	30	29	28	27	26	25
4.0	36	35	33	32	31	30	29
4.5	40	39	37	36	35	34	33
5.0	45	43	42	40	39	37	36
5.5	49	48	46	44	43	41	40
6.0	54	52	50	48	47	45	44
6.5	58	56	54	52	50	49	47
7.0	63	61	58	56	54	52	51
7.5	67	65	62	60	58	56	54
8.0	72	69	67	64	62	60	58
8.5	76	74	71	68	66	64	62
9.0	81	78	75	72	70	67	65
9.5	85	82	79	76	74	71	69
10.0	90	87	83	80	78	75	73
10.5	94	91	87	84	81	79	76
11.0	99	95	92	88	85	82	80
11.5	103	100	96	92	89	86	83
12.0	108	104	100	96	93	90	87
12.5	112	108	104	100	97	94	91
13.0	117	112	108	104	101	97	94

续附录二

播种量(千克)	千粒重(克)						
	25	26	27	28	29	30	31
13.5	121	117	112	108	105	101	98
14.0	126	121	117	112	109	105	102
14.5	130	125	121	117	112	109	105
15.0	135	130	125	121	116	112	109
15.5	139	134	129	125	120	116	112
16.0	144	138	133	129	124	120	116
16.5	148	143	137	133	128	124	120
17.0	153	147	142	137	132	127	123
17.5	157	151	146	141	136	131	127
18.0	162	156	150	145	140	135	131

附录三　每667平方米不同播种量和不同千粒重的米间落粒数

播种量（千克）	千粒重（克）						
	32	33	34	35	36	37	38
2.5	18	17	17	16	16	15	15
3.0	21	20	20	19	19	18	18
3.5	25	24	23	22	22	21	21
4.0	28	27	26	26	25	24	24
4.5	32	31	30	29	28	27	27
5.0	35	34	33	32	31	30	30
5.5	39	37	36	35	34	33	33
6.0	42	41	40	39	37	36	36
6.5	46	44	43	42	41	40	38
7.0	49	48	46	45	44	43	41
7.5	53	51	50	48	47	46	44
8.0	56	55	53	51	50	49	47
8.5	60	58	56	55	53	52	50
9.0	63	61	60	58	56	55	53
9.5	67	65	63	61	59	58	56
10.0	70	68	66	64	62	61	59
10.5	74	72	69	67	66	64	62
11.0	77	75	73	71	69	67	65
11.5	81	78	76	74	72	70	68
12.0	84	82	79	77	75	73	71
12.5	88	85	83	80	78	76	74
13.0	91	89	86	84	81	79	77

续附录三

播种量（千克）	千粒重（克）						
	32	33	34	35	36	37	38
13.5	95	92	89	87	84	82	80
14.0	98	95	93	90	87	85	83
14.5	102	99	96	93	91	88	86
15.0	105	102	99	96	94	91	89
15.5	109	106	103	100	97	94	92
16.0	112	109	106	103	100	97	95
16.5	116	112	109	106	103	100	98
17.0	120	116	112	109	106	103	101
17.5	123	119	116	112	109	106	104
18.0	127	123	119	116	112	109	107

附录四　每667平方米不同播种量和不同千粒重的米间落粒数

播种量	千粒重(克)						
(千克)	39	40	41	42	43	44	45
2.5	14	14	14	13	13	13	12
3.0	17	17	16	16	16	15	15
3.5	20	20	19	19	18	18	17
4.0	23	22	22	21	21	20	20
4.5	26	25	25	24	24	23	22
5.0	29	28	27	27	26	26	25
5.5	32	31	30	29	29	28	27
6.0	35	34	33	32	31	31	30
6.5	37	37	36	35	34	33	32
7.0	40	39	38	37	37	36	35
7.5	43	42	41	40	39	38	37
8.0	46	45	44	43	42	41	40
8.5	49	48	47	46	44	43	42
9.0	52	51	49	48	47	46	45
9.5	55	53	52	51	50	49	47
10.0	58	56	55	54	52	51	50
10.5	61	59	58	56	55	54	52
11.0	63	62	60	59	58	56	55
11.5	66	65	63	62	60	59	57
12.0	69	67	66	64	63	61	60
12.5	72	70	69	67	65	64	62
13.0	75	73	71	70	68	66	65

续附录四

播种量（千克）	千粒重（克）						
	39	40	41	42	43	44	45
13.5	78	76	74	72	71	69	67
14.0	81	79	77	75	73	72	70
14.5	84	82	80	78	76	74	72
15.0	87	84	82	80	78	77	75
15.5	89	87	85	83	81	79	77
16.0	92	90	88	86	84	82	80
16.5	95	93	91	88	86	84	82
17.0	98	96	93	91	89	87	85
17.5	101	98	96	94	92	89	87
18.0	104	101	99	96	94	92	90

认为上述疾病是一组与营养代谢有关并相互关联的代谢性疾病，可以通过加强饲养管理和营养调控而使发病率降低。因此，围产期的饲养管理和疾病防治是奶牛泌乳、繁殖的关键，围产期饲养管理的成功与否决定奶牛整个泌乳期生产性能的发挥和奶牛场的经济效益。

笔者长期从事奶牛疾病防治和饲养管理工作，在奶牛饲养管理和疾病防治方面具有较为丰富的经验。近年来，又收集了国内外有关奶牛围产期饲养管理的最新资料，进行分析归纳，结合自己的实践经验，编写了这本《奶牛围产期饲养与管理》。书中详细介绍了奶牛围产期的生理变化和营养需要，围产前期、分娩期、围产后期与新生犊牛的饲养管理，以及奶牛围产期的卫生保健工作。在围产期奶牛疾病防治部分，除介绍病因、临床症状、诊断和治疗外，还从营养调控的角度进行了介绍，以期通过加强饲养管理来降低发病率，从而提高养殖效益。由于笔者所掌握的知识和材料有限，在编写过程中难免存在一些问题，敬请广大读者和同仁批评指正。

编著者

2008 年 4 月

前　言

改革开放以来，我国奶业发展保持了持续、快速的增长，截至2006年，全国奶牛存栏数达到1 330万头，比2005年增长了3%；奶类总产量为3 290万吨，比2005年增长了15%，位居世界第三位。但是，我国大中型奶牛场奶牛存栏数所占比例少，有相当一部分仍为一家一户的零散饲养，饲养方式和管理水平较低，频繁变换饲料，营养不均衡，内外应激严重，致使乳房炎、不孕症、胎衣不下等奶牛常见疾病发病率长期居高不下，影响产奶量和牛奶品质。因此，加强奶牛养殖人员有关奶牛饲养管理，尤其是围产期饲养管理知识的学习，对降低疾病发生率、提高牛奶产量和质量具有十分重要的意义。

围产期是奶牛由非泌乳期向泌乳期过渡的时期，它是奶牛整个泌乳周期中至关重要的一个时期。在这个阶段，奶牛经历了巨大的生理与代谢变化，以及一系列的应激，如分娩、泌乳、日粮结构改变、环境改变等，这些都在很大程度上影响着奶牛的健康状况。此外，围产期奶牛内分泌发生明显的波动，免疫反应明显下降，血钙浓度降低，容易出现能量负平衡。因此，围产期母牛比泌乳中后期母牛发病率高。研究发现，围产期疾病如乳热症、胎衣不下、瘤胃酸中毒、酮病、低钙血症、皱胃变位等，大多与饲养管理有关。以前普遍认为上述各种疾病都是互相独立的，最近发现，分娩前20天开始投喂阴离子盐，对这些疾病都能取得明显的预防效果，因此母牛体内大量的营养物质，需要干奶期让自身营养亏损得到补充，同时蓄积一定的营养，为下一个泌乳期做准备。

有数据表明，无干奶期连续挤奶的牛比有干奶期的牛，在同样的饲养条件下，第二胎产奶量下降25%，第三胎则下降38%，且随胎次的增加，无干奶期奶牛的产奶量下降幅度更大。可见每个泌乳周期有60天的干奶期，对提高产奶量和保持母牛健康是十分必要的。

二、干奶时间与方法

(一)干奶时间 干奶时间的长短视奶牛具体情况而定。原则上对头胎牛、体弱牛、老龄牛、高产牛以及产犊间隔短的牛，干奶期可适当延长，但最长一般不宜超过70天，否则奶牛过于肥胖，容易导致难产，影响产奶量。而对于身体强壮、营养状况良好、产奶量较低的奶牛，可适当缩短干奶期，但最短不宜少于40天，否则乳腺组织没有足够的时间进行再生、更新。据报道，干奶期以58天为最佳，多于或少于58天，每日产奶量减少0.339千克。另据资料记载，奶牛干奶间隔少于45天的，下一泌乳期产奶量将减少500～1 000千克，若没有干奶间隔连续挤奶，则与上胎产量相比，严重的可减产40%左右。在取消干奶期或明显减少干奶天数的试验中发现，奶牛下一个产奶期的产奶量将减少。有研究指出，当干奶期分别在50～57天和30～34天时，下一个泌乳期的产奶量变化从减少10%到增加1%。也有研究认为，对下一个泌乳期的产奶量没有影响的最佳干奶期是40～60天。有研究表明，头胎牛35天干奶期的产奶量比56天干奶期的要低，乳蛋白含量也低。因此，认为将干奶期缩短至35天对经产和体况过好的奶牛是有益的，但不适宜于头胎牛。

干奶期长短的确定是由管理决定的，反过来管理受许多其他因素的影响，这些因素都具有相关性，如奶牛生产水平、繁殖状态、健康状况、可利用的农场资源的空间压力、饲料供应、设施、劳动力、妊娠后期的流产、早产和妊娠期的计算失误等。实际生产中，奶业生产管理者在制定干奶期长度的时候，一般将产奶量作为优先考虑的目标来确定奶牛何时开始干奶。因此，对于低生产水平的牛群倾向于采取更长的干奶期，因为这些奶牛在它们到达预产期之前的某个时间就可能被提前干奶。同时，也应该考虑到减少干奶期可能的优点在于简化干奶牛的饲养管理，减少代谢性疾病的发生，提高牛场设备和设施的利用效率。在现代奶业生产的不同管理模式下，最佳长度干奶期的确定还需要根据不同牛场的生产实际情况分别确定。

（二）干奶方法 奶牛在接近干奶期时，乳腺的分泌活动还在进行，高产牛甚至每日还能产奶 10～20 千克。但不论产奶量多少，到了预定干奶日，均应采取果断措施进行干奶。干奶的方法有 2 种，即逐渐干奶法和快速干奶法。

1. 逐渐干奶法 是用 1～2 周的时间将泌乳活动停止。开始进行干奶的时间视奶牛当时的泌乳量多少和过去干奶的难易而定。泌乳量大的、难干奶的早一些开始，反之则可迟些开始。

具体方法：在预定干奶前 1～2 周开始停止乳房按摩，改变挤奶次数和挤奶时间，由每日挤奶 3 次改为 2 次，然后每日 1 次或隔日 1 次；改变日粮结构，停喂糟粕类饲料、多汁饲料和块根类饲料，减少精饲料喂量，增加干草喂量，控制饮水量（夏季除外），以抑制乳腺组织的分泌活动。当产奶量降至 4～5 千克时，一次挤净即可。这种干奶法适用于患隐性乳房炎或过去难以干奶的高产牛。因其操作时间较长，控制营养，不利于牛体健康，在生产中较少采用。

2. 快速干奶法 即在预定干奶之日，不论当时产奶量多少，果断采取措施干奶。

具体方法：由有经验的挤奶员，认真热敷按摩乳房，将奶挤净。挤完奶后即刻用 70%～75%酒精消毒乳头，而后向每个乳区注入 1 支含有长效抗生素的干奶药膏，最后再用 3%～4%次氯酸钠溶液或其他消毒液浸浴乳头。这种停奶方法，是充分利用乳腺内压加大，抑制分泌的生理现象来完成干奶工作，且可最大限度地发挥母牛泌乳潜力，直到预定干奶之日为止。但对曾有乳房炎病史或正患乳房炎的母牛不宜采用。同时，对于产奶量较高的奶牛，建议在干奶前 1 天停止饲喂精饲料，以减少乳汁分泌，降低乳房疾病的发病率。

干奶时应注意的事项包括以下几方面。

一是干奶前 1 周应进行乳房炎检测和治疗，确保无乳房炎时方可干奶。干奶期是控制乳房炎发病率的最佳时期，在干奶后的第一周和产犊前 1 周，母牛特别容易发生新的乳房内感染(研究表明，40%的新感染起始于干奶期)。因此，在干奶期给奶牛创造干燥、清洁的环境十分重要。

开始干奶时，要有 3～7 天的精饲料和多汁饲料控制期，以降低泌乳功能，促进乳房萎缩。日粮以粗饲料为主，控制精饲料喂量，不可饲喂块根、块茎类饲料，一般日粮干物质喂量应控制在干奶牛体重的 2%～2.5%，其中精饲料喂量 1.5～2.5 千克，高产牛和体况差的牛可适当加喂精饲料。

二是在到达干奶之日时，将乳房擦洗干净，认真按摩，彻底挤净乳房中的奶，然后向每个乳头内分别注入干奶油剂或其他干奶药物。当以上操作结束后，要认真观察母牛乳房变化，正常情况下，前 2～3 天乳房明显肿胀，3～5 天积奶渐渐被吸收，7～10 天乳房体积明显变小，乳房内部组织变得松软。这时母牛已停止泌乳活动，干奶成功。

三是在干奶过程中，一旦出现乳房严重肿胀、乳房表面发红发亮、体温升高、乳房发热等症状，要暂停干奶，将乳房中的乳汁挤出来，对乳房进行消炎治疗和按摩，待炎症消失后，再行干奶。

四是无论采取何种干奶方法，乳头封口后就不要再触动乳房，即使洗刷时也不可触摸。

三、干奶期奶牛饲养与管理的具体内容

(一)意义 干奶期是母牛身体蓄积营养物质的关键时期,要满足妊娠和维持的双重需要。这一阶段饲养管理水平的好坏,直接关系到母牛和胎儿的健康以及下一泌乳期的产奶量。但在实际生产中,由于干奶期只有投入,没有产出,因而特别容易被饲养者忽视,带来不应有的损失。因此,加强干奶期奶牛的饲养管理显得尤为重要。其意义主要表现在以下几个方面:①由于干奶期是胎儿迅速生长发育、需要较多营养的阶段,加强母牛的饲养管理,有利于胎儿的营养供应和健康发育;②由于母牛在泌乳期消耗了过多的营养,加强干奶期的饲养管理,有利于母牛补偿泌乳期营养消耗,改善营养状况,恢复体质,为下一泌乳期能更好、更持久地产奶做好必要的准备;③干奶期间乳腺分泌停止,能促使乳腺功能恢复和增殖,促进下一泌乳期乳腺的正常分泌,并维持正常的产奶水平;④可以有效预防和避免难产、乳热症、酮病、脂肪肝、消化功能障碍、皱胃变位、瘤胃角化不全等营养代谢病的发生。

(二)主要目标

1. 恢复体质 母牛在泌乳期营养多为负平衡,机体营养消耗多。干奶能减少营养消耗,有利于母牛蓄积体力和恢复体质,以供下一个产奶期的需要。

2. 使乳腺组织得到周期性休整 奶牛在一个泌乳期产奶所分泌的干物质为体重的3.64～4.16倍。泌乳中,乳腺组织部分损伤、萎缩,干奶能使乳腺得到休整、恢复,并且有利于新腺泡的形成和增殖。

3. 保证胎儿生长发育良好 胎儿一半以上的生长是在妊娠期的最后2个月,需要较多的营养供应,干奶能使母体内有足够的营养物质供胎儿发育。

4. 恢复瘤胃和网胃功能 母牛的瘤胃和网胃经过一个泌乳期高水平精饲料日粮的应激,也需要有一段时间通过饲喂粗饲料

恢复其正常功能。

5. 治疗或控制疾病 为治疗某些在泌乳期不便处理的疾病(如隐性乳房炎)或调整代谢紊乱提供时机。另外,通过干奶期和围产期的正确饲养,尽可能控制和避免乳热症、皱胃移位、胎衣不下和酮病等的发生。

干奶期奶牛的饲养与管理不仅直接影响到本次奶牛体质的恢复,而且也影响奶牛产后泌乳性能的发挥,应该引起足够重视。

(三)方 法

1. 营养水平 干奶期奶牛的营养水平,既要使干奶母牛在此期间获得良好的体况,又不宜过肥,应保持适宜的体况。

(1)能量和蛋白质水平 国内外试验表明,在一般情况下,均以在维持需要基础上再加上 3 千克标准乳为干奶第一个月的营养水平,以后再加 5 千克标准乳为干奶第二个月至产犊的营养水平最为适宜。

(2)矿物质供给水平 产前第一个月,钙为 0.44%,可吸收钙为 0.25%,吸收率为 57%;磷为 0.22%,可吸收磷为 0.138%,吸收率为 62.7%。到产前 2～3 周,由于母牛采食量自然下降,钙、磷供给量分别增至 0.48% 和 0.26%,食盐供给量一直保持在 0.23%～0.25%,即每日每头牛 20～33 克。硫为 0.2%,镁为 0.11%～0.16%。

(3)维生素需要量 每千克干物质中维生素 A 的需要量,干奶后 0～40 天为 5 500～6 000 单位,干奶后 41～60 天(产犊)为 8 200单位;维生素 D 的需要量,干奶后 0～40 天为 1 500～1 650 单位,干奶后 41～60 天(产犊)为 2 250 单位;维生素 E 的需要量,干奶后 0～40 天为 81～88 毫克,干奶后 41～60 天(产犊)为 120 毫克。

表 3-1 和表 3-2 列出了不同时期干奶牛的营养需要,供参考。

表 3-1　不同体重干奶牛每日营养需要　（美国国家研究委员会，1988）

体重（千克）	干物质（千克）	产奶净能（兆焦）	代谢能（兆焦）	粗蛋白质（克）	钙（克）	磷（克）	维生素 A（单位）	维生素 D（单位）
450	8.13	42.51	69.71	928	30	16	34000	12000
500	8.80	46.02	75.48	998	33	20	38000	15000
550	9.45	49.41	81.04	1027	36	22	42000	17000
600	10.09	52.76	86.53	1074	39	24	46000	18000
650	10.71	56.02	91.96	1120	43	26	49000	20000
700	11.32	59.20	97.11	1165	46	28	53000	21000
757	14.40	59.59	—	1426	63	32	80000	21900

注：体重 757 千克一项为 2001 年美国国家研究委员会标准，除所列各种营养需要外，另加维生素 E 1168 单位

表 3-2　干奶牛的营养需要　（美国国家研究委员会，第七版，2001）

项　目	奶牛妊娠天数		
	240	270	279
期末体重（千克）	730	751	757
月龄（月）	57	58	58
干物质采食量（千克）	14.4	13.7	10.1
产奶净能（总兆焦）	58.58	60.25	60.67
兆焦/千克	4.06	4.39	6.02～6.69
粗蛋白质（总克数）	1426	1480	1252
粗蛋白质（%）	9.9	10.8	12.4
中性洗涤纤维（%）	33	33	33
酸性洗涤纤维（%）	21	21	21
非纤维性碳水化合物（%）	42	42	42
钙（克）	63.6	61.6	48.5
钙（%）	0.44	0.45	0.48
磷（克）	31.7	31.5	26.3

续表 3-2

项　目	奶牛妊娠天数		
	240	270	279
磷(%)	0.22	0.23	0.26
镁(%)	0.11	0.12	0.16
钾(%)	0.51	0.52	0.62
钠(%)	0.1	0.1	0.14
硫(%)	0.2	0.2	0.2
氯(%)	0.13	0.15	0.2
铁(毫克/千克)	13	13	18
锌(毫克/千克)	21	22	30
锰(毫克/千克)	16	18	24
铜(毫克/千克)	12	13	18
钛(毫克/千克)	0.11	0.11	0.11
碘(毫克/千克)	0.4	0.4	0.5
硒(毫克/千克)	0.3	0.3	0.3
维生素 A(单位/千克干物质)	5576	6030	8244
维生素 D(单位/千克干物质)	1520	1645	2249
维生素 E(单位/千克干物质)	81	88	120

2. 日粮组成　根据干奶期奶牛对各种营养物质的需要以及干奶牛的体况制定精饲料配方和日粮组成。

(1)精饲料配方　见表 3-3。

表 3-3　干奶牛精饲料配方　(%)

干奶期	玉　米	豆　粕	啤酒糟	玉米高蛋白粉	食　盐	石　粉	预混料
0～40 天	41	30	20.3	5	0.7	0.2	1
41～60 天(产犊)	40	30	10.3	15	0.7	3	1

(2)日粮组成　见表 3-4 和表 3-5。

表 3-4　干奶期奶牛日粮组成(一)

体重(千克)	干奶期(天)	精饲料(千克/头)	中等质量羊草(千克/头)	全株玉米青贮(千克/头)
650～700	0～40	3	7.5	20～25
700～750	41～60	3～3.5	5	20

表 3-5　干奶期奶牛日粮组成(二)

体重(千克)	干奶期(天)	精饲料(千克/头)	干玉米秸(千克/头)
650～700	1～40	3	13～14
700～750	41～60	3	8～9

(3)饲料添加剂的配制　按表 3-2 中营养物质需要量进行配制,总计按 1%添加,包括前述的阴离子盐在内。

3. 饲喂　干奶牛的日粮虽以粗饲料为主,但不应饲喂过量的苜蓿干草和青贮饲料。同时,应饲喂多种矿物质和一定数量的长干草。

干奶牛宜从泌乳牛群中分出进行单独饲养,以防过肥。日粮以青、粗饲料为主,日粮干物质饲喂量应控制在奶牛体重的 1.8%～2.2%。其中,粗饲料的采食量至少达到体重的 1%或日粮干物质的 60%。比较理想的粗饲料为禾本科与豆科的混合干草,甚至可以饲喂适量经氨化处理的玉米秸、高粱秸、小麦秸等,以便将更多的优质粗饲料用于饲喂泌乳早期的奶牛。干草任其自由采食,以确保每头奶牛每日至少有 2～2.5 千克的采食量。其中,长度为 3.8 厘米以上的不少于 1～2 千克/日,这有助于瘤胃正常功能的恢复与维持。豆科干草或半干青贮饲料应限量饲喂,一般不超过体重的 1%或粗饲料干物质的 30%～50%,以防摄入过量的蛋白质、钙、钾,导致乳房水肿、乳热症、酮病等。

玉米青贮每头日喂量不宜超过 13.5 千克或不超过粗饲料干物质的 50%～60%，否则母牛容易出现肥胖症，造成难产和代谢紊乱。同时，也应防止由于限制能量的过食而影响日粮干物质的采食量。

干奶牛精饲料喂量视青、粗饲料质量及母牛体况而定。对于体况良好(4 分)，日粮中的粗饲料为优质干草，且玉米青贮每日饲喂 9 千克的干奶牛，精饲料一般仅需少量补充或不喂；若粗饲料质量差，采食量减少，且体况较差(低于 3 分)，或冬季气候寒冷，除给予青、粗饲料外，还需酌情给予 1.5～3 千克的精饲料，使奶牛在产前有适当的增重，体况达到 3.5 分。据报道，临产母牛体重与产奶量相关，体重每少减 45 千克，下一泌乳期的产奶量将降低 450～675 千克。但要注意精饲料最大喂量不宜超过体重的 0.5%，以防止奶牛过肥。过肥的重胎牛产道狭窄，容易难产，且产后多数食欲不振，易引起酮病。

干奶期日粮比较适宜的蛋白质含量为：瘤胃降解蛋白质 7.7%，过瘤胃蛋白质 2.2%，粗蛋白质 9.9%。

此外，日粮还应考虑矿物质、维生素 A、维生素 D、维生素 E 的补充和平衡。矿物质要注意避免过量的钙，并保持钙与磷的比例为 2∶1 或 1.5∶1。同时，注意日粮钾的水平，如果日粮干物质中钾的含量超过 1.5%，将会影响镁的吸收以及钙的代谢，导致乳热症和胎衣不下的发生。食盐按日粮干物质的 0.25%供给，此期禁止使用碳酸氢钠缓冲剂，以防发生乳房水肿和乳热症。维生素 A、维生素 D、维生素 E 对于干奶牛的营养和健康至关重要，胎衣不下与维生素 A、维生素 E 的缺乏有关，维生素 E 缺乏还可导致奶牛对疾病的易感性增高，增加乳房炎的发病率。据报道，为干奶牛每日提供 1 000 单位的维生素 E，干奶期新出现的乳房炎感染率降低 20%。维生素 A 的需要主要取决于青、粗饲料的种类和质量，如果日粮中的青、粗饲料为青干草或绿色牧草，一般不需额外补充维生素 A，而对于由玉米青贮、高粱青贮或质量粗劣的干草组成的日粮，则需补充维生素A。至于维生素D只有当奶牛饲喂直接收割的粗饲料或青贮饲料时才需要补充。在饲养过程中，重胎牛不可饲喂腐败变质、发霉的饲料以及冰冻的块根、块茎类饲料，以免引起流产和瘤胃臌胀等。重胎牛的饮水要洁净，冬天水温最好在12℃～19℃，不宜低于10℃，否则易引起流产。

在干奶期还要采用以下几种饲喂方法。

(1)低钙饲喂法　在母牛临产前2周采用低钙饲喂法，能有效防止乳热症的发生。即将一般日粮含钙量的干物质百分比降到0.2%的低水平。因牛体正常血钙维持水平是受甲状旁腺素的调节，当日粮中钙供应不足时，甲状旁腺调节功能加强，将从牛体分解骨钙以维持血钙水平。故当分娩时，即有源源不断的骨钙被运送到血液中，而避免了母牛产后大量分泌乳汁，钙从乳汁中大量排出而造成乳热症。在产前3周开始于每千克日粮干物质中加入100～200毫摩的阴离子盐——硫酸铵，能降低血液和尿液pH，促进钙的吸收和代谢，提高血钙水平，并可降低乳热症发病率。

(2)引导饲喂法　又称挑战饲喂法，是在预付饲养法的基础上发展而成的一种新型饲喂法。即从产前开始引导训练母牛采食精饲料，为产后大量采食精饲料在生理功能上做好准备。

从母牛干奶期的最后15天开始，在保证饲养标准的基础上额外补加4～5个奶牛能量单位的饲料，直到产奶量达到高峰时，喂给高水平的营养，维持体重并且提高产奶量。这样做可以多产奶，但要多喂料，尤其是多喂精饲料，达到产奶高峰后，精饲料喂量固定下来，到泌乳高峰后再做调整。在整个引导饲养期内，必须供给奶牛优质的干草和充足洁净的饮水。其具体方法是：从围产前期(分娩前2周)即开始增加精饲料喂量，最初一天约喂给1.8千克精饲料，以后每日增加0.45～0.5千克。到分娩时，精饲料的给量可达到体重的0.5%～1%。采取引导饲养法可以有效减少酮病的发病率，有助于保持体重和提高产奶量。但患隐性乳房炎的奶牛慎用本法。

引导饲喂法的优点：①可使奶牛瘤胃内的微生物区系在产犊以前就开始调整，以适应产奶时的高精饲料日粮；②促进干奶牛对精饲料的食欲和采食能力；③可使母牛在产前体内贮存足够的营养物质，以满足产奶高峰的需要；④可使多数母牛出现新的产奶高峰，加强泌乳期的增产趋势；⑤在泌乳初期奶牛就可以采食到丰富的能量，满足奶牛的产奶需要，减少酮病的发生。

引导饲喂法可以使奶牛单产提升到最高，目前此法已被广泛应用于生产实践，但在应用此法的同时应注意以下几点。

一是分娩后母牛不可过早催乳，否则易引发代谢性疾病。

二是饲喂高营养浓度日粮时，粗纤维含量不能少，一般日粮中粗纤维的含量不能低于总干物质的15%。

三是超出饲料标准加喂混合精饲料时，要准确计算称重饲喂精饲料量，准确计量产奶量，加强临诊与监测，密切注意母牛的体质、食欲、乳房、瘤胃内环境等。

四是引导饲喂法可用于发现泌乳遗传潜力大和代谢模式有高泌乳倾向的母牛，但泌乳性能差的母牛对额外加料不显示增乳效应，对这类牛应停止使用本法。

五是根据奶牛健康状况和产奶量，灵活增加或减少精饲料饲喂量。奶牛在健康的情况下，如增加饲料，产量升高，应持续增加精饲料饲喂量，引导奶牛进入产奶高峰。与此同时，要密切注意瘤胃内环境，防止酸中毒。预防办法可在精饲料中混入缓冲剂一起饲喂，常用的缓冲剂有碳酸氢钠和氧化镁。若增加饲料，奶牛产奶量不再上升，应及时减少精饲料饲喂量，观察产奶量是否下降，如不下降可继续减少精饲料饲喂量。如此反复观察牛只健康状况和产奶量，灵活增减精饲料饲喂量。

4. 日常管理

(1)卫生管理　保持乳房和牛舍清洁，管理上应由熟练工人专人负责看护。干奶过程中，奶牛乳房肿胀，甚至会出现轻微发炎和肿胀，此时极容易感染疾病，应特别注意保持乳房的清洁卫生。要保持牛舍清洁干燥，勤换柔软垫料，防止母牛躺卧在泥污和粪尿上。母牛干奶期皮肤代谢旺盛，易生皮垢，所以此阶段要给牛每日刷洗2次，清除污垢，促进血液循环和新陈代谢，以利于健康，并可使牛更加驯服易管。

(2)运动　这是干奶牛管理的重要措施。运动不仅能促进血液循环，有利于减少和防止肢蹄病及难产，还可增加日照，有利于维生素D的形成，防止发生乳热症。干奶牛应给予适当的运动，但不可驱赶，以逍遥运动为宜，每日运动2～3小时。此期运动不仅可促进血液循环，有利于健康，而且更主要的是有助于分娩，减少难产和胎衣不下。重胎牛放出运动时，中间走道要铺垫料，以防道路打滑，出入门时要防止相互挤撞。此外，运动场要注意清除铁器和异物，保持清洁。

(3)分群饲养　重胎牛之间的生理状态、生活习性比较相似，最好设单舍、单群饲养。为了利于保胎，在干奶期不宜进行采血、接种和修蹄。

5. 干奶期易出现的问题

(1)干物质采食量减少　分娩前，由于胎儿和子宫的急剧生长，压迫消化道，干物质采食量显著减少。分娩前1～2周，母牛干物质采食量减少10%～30%。分娩前6周母牛干物质采食量随着胎牛体重的增大而减少。4分以上的过肥牛比大于3分而小于4分的体况平适宜状态牛分娩前干物质摄入量显著降低。在分娩前干物质采食量很低的状况下，分娩后低水平的干物质采食量就易引起代谢障碍。干奶期奶牛体重急剧减轻，最高减重可达80千克左右，如果分娩前干物质采食量减少，能源供给不足，母体就从脂肪组织中分解动用游离脂肪酸作为能源。干物质采食量越少，血液中游离脂肪酸的浓度就越高，肝脏摄取游离脂肪酸然后再度释放。如果长期持续能量供给不足，游离脂肪酸长期保持高浓度状态，未得到及时转换，就会转变为中性脂肪在肝脏中蓄积，其结果变成脂肪肝，成为引起各种代谢障碍的原因，特别是对于过肥牛必须注意，由于分娩前采食量减少，动员脂肪量增加，极易引起脂肪肝。发生脂肪肝后可使奶牛产奶高峰期产量每日减少1千克，整个泌乳期奶产量会减少200千克；繁殖性能下降，产褥期延长。所以，在围产期奶牛日粮应保持在每千克干物质含5.86兆焦产奶净能，粗蛋白质13.5%～14%，过瘤胃蛋白质为30%～40%。每日每头牛喂给烟酸6～12克，保护性赖氨酸7克，保护性蛋氨酸5克，可以调节代谢过程和免疫功能，缓解应激，减少奶牛产后酮病、脂肪肝和胎衣不下等疾病的发生，保持产奶量的稳定增加。因此，奶牛产后10周内饲料采食量就应该达到最大，这样就可能将奶牛能量负平衡的时间缩到最短。一般来说，奶牛在泌乳期达到饲料采食量高峰越早，其胎次产奶量就越高，健康问题越少，繁殖性能也越好。生长牛和泌乳牛各阶段干物质采食量见表3-6。

干物质采食量受体重（0.062×体重$^{0.75}$）、产奶量（系数×标准奶量）、泌乳阶段（干奶初期2.8%～3.5%、干奶后期1.5%～2%）、环境条件（如18℃～20℃时为100%，－10℃时增加到150%；35℃时日产奶量下降33%，而40℃时可达50%以上。前者气温下降，需要能量增加因而干物质采食量增加；后者气温上升，干物质采食量减少，入不敷出，因而产奶量相对减少）、饲料类型与品质（日粮水分过高、干物质采食量相对变低、颗粒饲料适口性与消化率可左右其干物质采食量）以及饲喂方式和体况等因素的制约，尤其是粗饲料的类型和品质以及饲料的水分含量、干物质消化率、中性洗涤纤维含量等。

提高奶牛采食量的技术措施：每日饲槽的空置时间不应超过2～3小时。奶牛挤奶后要立即饮水45～67升，饮水点距离采食区不要超过15米。1头高产奶牛每产1千克奶需要约4升饮水，饮水量缺少40%会导致干物质采食量减少20%。每头奶牛应有45～70厘米的饲槽空间。拴系式的牛舍颈链要有足够的长度，散放式牛舍头架不要卡得太紧。剩余饲料的重量不应大于3%～5%。饲料应凉爽且有甜香味，不要在饲槽中堆积，以免发热、变酸。饲槽表面应光滑。注意牛只的防暑降温，遮荫和喷雾降温可以有效地缓解热应激，其促进采食活动的效率可达60%。日粮应配制平衡以确保各种营养成分（白天至少应有40%的牛进行反刍）。定期进行肢蹄修整。高产牛由于泌乳所需的蛋白质总量较多，因此增加日粮蛋白质含量能增加奶牛的干物质采食量。日粮中瘤胃降解蛋白质和瘤胃非降解蛋白质分别增加到13%和5%左右时，采食量可提高10%左右。注意日粮的纤维平衡，酸性洗涤纤维应保持在19%～24%，中性洗涤纤维应在28%～32%（粗饲料中应达到65%～75% ，混合饲料中应达到25%）。混合日粮中的水分含量大于50%，会影响采食量。要保证奶牛可以很容易接近饲料进行采食。保证饮水供应和饮水质量，要定时清槽，吃剩的饲料残渣不应留在饲槽中。保持适宜的精、粗饲料比例和能量浓度。采用全混合日粮饲喂方式能提高奶牛干物质采食量10%以上，每日饲喂4次的奶牛比饲喂2次的干物质采食量可提高15%以上，充足的采食时间也是提高奶牛干物质采食量的必要措施。此外，保持牛舍的环境卫生也有助于提高奶牛的干物质采食量。分群饲养可以加快最大饲料采食量的到来，促进奶牛产后尽快恢复食欲。日粮中添加维生素、缓冲剂、肌醇，有助于提高采食量。

表3-6 生长牛和泌乳牛各阶段干物质采食量

阶　段	日产奶量（千克）	干物质占体重百分比（%）
干奶前期（体重600千克）	—	2～2.5
干奶后期（围产前期）	—	2～2.5
产后0～6天（围产后期）	—	1.5～2
产后7～15天	—	2～2.7
泌乳盛期	20	2.5～3.5
泌乳盛期	30	3.5～4.5
泌乳盛期	40	4～4.5